Gummifreie Isolierstoffe

Technisches und Wirtschaftliches

Unter Mitarbeit von Fachgenossen

verfaßt von

Dr.-Ing. Arthur Sommerfeld
Süddeutsche Isolatorenwerke G. m. b. H., Freiburg i. B.

Mit zahlreichen Abbildungen

Herausgegeben vom Zentralverband
der deutschen elektrotechnischen Industrie E. V.
Berlin 1927

ISBN-13:978-3-642-90419-6 e-ISBN-13:978-3-642-92276-3
DOI: 10.1007/978-3-642-92276-3

Softcover reprint of the hardcover 1st edition 1927

Im Buchhandel zu beziehen durch
Julius Springer, Verlagsbuchhandlung, Berlin W 9

Inhaltsverzeichnis

Verzeichnis der Tabellen.

Vorwort.

Der Verfasser dieser Schrift und seine Mitarbeiter sind Fachleute, die auf dem hier behandelten Gebiet seit langem fabrikatorisch tätig sind. Sie haben es sich zum Ziele gesetzt, jeden in der Elektrotechnik Tätigen, der mit Isolierpreßstoffen zu tun hat, mit der Eigenart und den Fabrikationsbedingungen der Industrie der *gummifreien Isolierstoffe* vertraut zu machen, um ein reibungsloses Zusammenarbeiten zwischen Verbraucher und Erzeuger von Isolierteilen herbeizuführen.

Die Angaben, die sich bisher über die gummifreien Isolierstoffe in der Literatur finden, sind meist von technischen Schriftstellern auf Grund von Informationen zusammengestellt, die von einzelnen Fabrikanten gegeben wurden. Da jeder Fabrikant einseitig die Vorzüge seines Materials hervorhob und dabei im Interesse der Wahrung des Fabrikationsgeheimnisses ängstlich alle genauen Mitteilungen über Zusammensetzung und Verarbeitung der Preßmassen vermied, sind diese Angaben vielfach unzutreffend und unklar.

Im Laufe ihrer nun schon seit Jahren andauernden gemeinschaftlichen Arbeit zur Aufstellung von Normen für die Preßmassen sind die Isolierstoff-Fabrikanten zur Überzeugung gekommen, daß die Geheimhaltung, wie sie früher vom geschäftlichen Standpunkt für notwendig erachtet wurde, nicht mehr zeitgemäß ist, daß sie vielmehr nur den Fortschritt hindert. Die Werkstoffschau 1927 gab den Anstoß zu einer Veröffentlichung, und so übertrugen die an der Werkstoffschau beteiligten Isolierstoff-Fabrikanten dem Verfasser die Aufgabe, eine Schrift auszuarbeiten, in der in weitgehendem Maße Aufklärung über die Zusammensetzung der verschiedenen Typen von Preßisolierstoffen sowie über die Technologie der Herstellung von Teilen aus solchen Stoffen gegeben werden sollte.

Unterlagen zu dieser Schrift haben beigesteuert die Herren H. C. Burmeister (Allgemeine Elektricitäts-Gesellschaft, Abt. Isoliermaterial), W. Schramm (Siemens-Schuckertwerke A.-G., Abt. Gummiwerk), Dr. Weger (Bakelite Ges. m. b. H., Erkner), sowie die Rheinisch-Westfälische Sprengstoff A.-G., Troisdorf. Herr Dr. phil. H. Schiff (Vereinigte Isolatorenwerke A.-G., Berlin-Pankow) hat den Abschnitt 7 verfaßt und wesentliche Mitarbeit bei den andern Abschnitten, besonders bei 3, 4, 8 und 9, geleistet. Diesen Mitarbeitern, sowie allen Firmen, die durch Hergabe von Abbildungen das Verständnis der Schrift gefördert haben, vor allem der Allgemeinen Elektricitäts-Gesellschaft, Abt. Isoliermaterial und den Siemens-Schuckertwerken A.-G., Abt. Gummiwerk, sei an dieser Stelle der Dank des Verfassers ausgesprochen.

Freiburg i. Br., September 1927.

Dr.-Ing. Arthur Sommerfeld.

1. Geschichtliches.

Unter den Werkstoffen haben sich die plastischen Massen im Laufe weniger Jahre ein gewaltiges Feld erobert. Diese plastischen Massen sind solche Kunststoffe, die durch Erwärmung oder durch Lösungsmittel formbar gemacht werden. Wir wollen uns hier mit dem Teil dieses weiten Gebietes befassen, welcher die in der Elektrotechnik als Isoliermittel gebrauchten plastischen Massen umfaßt, für die sich die Bezeichnung gummifreie Isolierstoffe eingebürgert hat, so daß also Porzellan und Speckstein, sowie Stoffe aus geschichtetem Papier und die Kautschuk enthaltenden Stoffe ausgeschlossen sind, da sich für diese eine Sonderindustrie herausgebildet hat. Um das Thema genau zu bezeichnen: Es ist hier die Rede von nicht keramischen, nicht geschichteten, gepreßten, gummifreien Isolierstoffen.

Die Industrie der Isolierpreßstoffe ist eine junge Industrie, denn derartige Stoffe finden in der Elektrotechnik erst seit etwa 30 Jahren Verwendung zur Massenerzeugung von Teilen des Elektro-Apparatebaus, wie Schalterkappen, Steckersockel usw. Die Anfänge dieser Industrie gehen darauf zurück, daß man versuchte, den Hartgummi wegen des teuren Kautschukpreises zu ersetzen. Hierfür bewährte sich zuerst Schellack, da aber auch dessen Preis bald zu hoch erschien, suchte man nach billigeren Harzen und Asphalten. Daneben fanden fossile Harze wie Kopal und Kolophonium Verwendung.

Das Gebiet der plastischen Massen hat auf die Erfinder stets eine große Anziehungskraft ausgeübt. Viel Mühe und große Mittel sind aufgewendet worden, um aus allen möglichen Dingen Isolierpreßstoffe herzustellen. Um nur einige zu nennen: Torf, Seetang, Hefe, Leim, Horn- und Klauenabfälle, Fischabfälle, Ochsenblut, Paraffin, Stärke, Dextrin. Alle Versuche mit derartigen Rohstoffen sind zum Scheitern verurteilt, denn die daraus hergestellten Isolierstoffe weisen zwei wesentliche Fehler auf: Die Widerstandsfähigkeit gegen Feuchtigkeit ist meist ebenso gering wie die gegen Erwärmung.

Es sei hier die Gelegenheit benutzt, nachdrücklich darauf hinzuweisen, daß zur Herstellung brauchbarer Isolierstoffe sehr erhebliche Mittel und langjährige Erfahrungen gehören und zwar auf drei Gebieten, die für den Hersteller alle drei von gleichgroßer Bedeutung sind. Es sind dies: Elektrotechnik, Chemie und Maschinenbau. Die Elektrotechnik stellt die Aufgaben für die Konstruktion und für die Eigenschaften der Preßteile, die Chemie liefert die Kenntnisse der Rohstoffe und ihrer Veränderung beim Fabrikationsvorgang, der Maschinenbau gibt die Mittel an Hand, um sowohl die Maschinen als auch die Werkzeuge für die Fabrikation der Preßstoffe herzustellen. Wenn es sich erreichen läßt, daß auf diesen drei Gebieten ein innigeres Zusammenarbeiten der Fachleute stattfindet als bisher, so werden die Fortschritte in dieser Industrie sich erheblich beschleunigen lassen.

Ein wesentliches Ergebnis auf dem Gebiet der plastischen Massen ist dem Chemiker zu verdanken, nämlich das Erscheinen der Kunstharze, unter denen das Bakelit am bekanntesten geworden ist. Es ist dies ein Kondensationsprodukt aus Phenol und Formaldehyd, über das sich zwar die ersten Angaben bereits in den Arbeiten von Bayer 1872 [1]) fin-

---

[1]) Ber. d. D. chem. Ges. 1872.

den. Aber erst vom Jahre 1900 an dachte man an eine technische Verwendung und führte die Versuche planmäßig weiter. In dieser Zeit begann die Entnahme von Patenten über Kunstharze[1]. Fast alle diese Patente erstrebten die Gewinnung eines Schellackersatzes, also eines Harzes, welches in Sprit löslich sein sollte, wobei aber an eine Härtbarkeit, d. h. Überführung in den unlöslichen und unschmelzbaren Zustand nicht gedacht wurde.

Als Pionier der Kunstharz-Industrie ist Baekeland anzusprechen, der in den Jahren 1907 und 1908 die grundlegenden Patente anmeldete; in Deutschland waren dies besonders die Patente Nr. 281 454, welches die Herstellung der Phenolformaldehydkondensationsprodukte schützte und bis 1921 in Kraft war, Nr. 233 803, welches die wichtigste Verwendung in der Heißpreßindustrie schützte und welches noch heute in Kraft ist und das D. R. P. Nr. 237 790, welches ebenfalls noch besteht.

Seitdem ist das Kunstharzgebiet, besonders das Gebiet der Karbolsäure-Formaldehydkondensationsprodukte von vielen Seiten bearbeitet worden, und zahlreiche Herstellungspatente von größerem oder geringerem Wert sind entstanden. Nach den Rückschlägen, die die Nachkriegszeit infolge Mangel an geeigneten Rohstoffen bei plötzlich auftretendem großen Warenhunger brachte, wobei sich viele Unternehmer zu einer unsachgemäßen Fabrikation verleiten ließen, ist auch bei den Preßstoffen, die Asphalte, Naturharze und andere Bindemittel enthalten, ein großer Fortschritt erzielt worden. Hierzu hat die Klassifizierung dieser Stoffe durch die Fabrikanten im Jahre 1922 sowie die Überwachung der in der Vereinigung von Fabrikanten gummifreier Isolierstoffe zusammengetretenen Firmen durch das staatliche Material-Prü-

[1]) A. Smith, D. R. P. 112 685, 1899; A. Luft, D. R. P. 140 552, 1902; Louis Blumer, D. R. P. 172 877, 1902; De Laire, D. R. P. 189 262, 1905; Farbenfabr. vorm. Fr. Bayer & Co., D. R. P. 201 261, 1907 usf.

fungs-Amt in Zusammenarbeit mit der Physikalisch-technischen Reichsanstalt seit 1924 wesentlich beigetragen.

Die unter dem Namen „Trolit“ bekannten plastischen Massen wurden in den Jahren 1918/1919 auf der Grundlage von Nitrozellulose durch die Arbeiten von Dr. Balke und Dr. Leysieffer entwickelt und gleichzeitig wurde auch die Azetylzellulose in den Kreis der Entwicklung einbezogen, deren Anwendung zur Herstellung des nicht entflammbaren Zelluloids, des Zellon und der Lonarit-Preßmassen, durch Dr. Eichengrün bekanntgeworden war. „Trolit“ wird in großem Umfange in der Schwachstrom-Technik verwendet.

Da sich die Überzeugung vom Wert der Gemeinschaftsarbeit durchgesetzt hat und andererseits das Geheimnis der Zusammensetzung der gummifreien Isolierstoffe nicht mehr so ängstlich gehütet wird, sei hier der Wunsch ausgesprochen, es möge bald dazu kommen, daß die Überwachung durch das staatliche Material-Prüfungs-Amt ausgebaut wird zu einer Forschungsstelle für Isolierstoffe, zumal die hierfür aufzuwendenden Mittel nur bescheidene wären. Vielleicht trägt diese Schrift dazu bei, die Verbraucher von Isolierteilen auf die Bedeutung einer derartigen Einrichtung auch für ihre Zwecke nachdrücklich aufmerksam zu machen.

2. Technologie.

Aufbau der Preßstoffe.

Die meisten Isolierpreßstoffe setzen sich zusammen aus Bindemittel, Faser und Füllmittel. Als Bindemittel werden ihrer isolierenden und kittenden Eigenschaften wegen Asphalte natürlicher und künstlicher Herkunft, Naturharze und Kunstharze verwendet. Schellack und die vielen anderen schon erwähnten Produkte haben ihre Bedeutung eingebüßt. Auch die Verwendung der trocknenden Öle, z. B. des chinesischen Holzöls, ist im Rückgang begriffen.

Die Faser soll dazu dienen, die meist große Sprödigkeit der Bindemittel zu vermindern und die mechanische Festigkeit der Stoffe zu steigern. Als Faser findet in großem Umfang Asbest Verwendung, der sowohl wegen seiner die Festigkeit steigernden Eigenschaft, als auch seiner Feuer- und Wärmebeständigkeit wegen geschätzt wird. Von Fasern aus dem Pflanzenreich nenne ich Zellstoff, Holzmehl, Baumwollabfall.

Die Füllmittel dienen nicht nur als Beschwerung, sondern auch vielfach zur Härtung. Sie werden unter dem Gesichtspunkt ausgewählt, daß sie chemisch möglichst indifferent, von großer Wärmebeständigkeit und wohlfeil sind. Für diesen Zweck sind Marmormehl, Schwerspat, Talkum und ähnliche Stoffe gebräuchlich.

Die Preßstoffe stellen entweder mechanische Gemenge dar und zwar derart, daß das Bindemittel möglichst vollkommen die Faser durchdringt und die Füllmittel einhüllt. Oder die Eigenschaften der Bestandteile werden beim Mischen, Pressen und bei der Wärmenachbehandlung durch Vorgänge verändert, die sich innerhalb der Moleküle der Einzelteile abspielen. Diese Vorgänge können in einer chemischen Bindung, in einer Kondensation oder Polymerisation bestehen. Die Erkenntnis dieser Vorgänge ist dadurch erschwert, daß Mischung, Lösung, chemische Bindung und Umlagerung gleichzeitig auftreten können.

Die Herstellung der Preßstücke erfolgt unter hohem Druck, der je nach der Form des Preßstückes und nach der Art der Mischung verschieden sein muß, und zwar beträgt dieser zwischen 150 und 500 kg je qcm. Der Preßdruck beeinflußt die Dichte des Gefüges der Preßstoffe. Sobald er nicht unter ein gewisses Maß sinkt, das von der Preßbarkeit der Mischung abhängt, tritt sein Einfluß zurück[1]). Die Preßstoffe werden entweder unter Anwendung von Wärme pla-

---

[1]) Festigkeitsuntersuchungen an elektrischen Isolierstoffen von A. Schob, ETZ 1922, Heft 34, S. 1086.

stisch gemacht und in erwärmten Formen gepreßt — sogenannte Warmpreßstoffe. Die so hergestellten Teile kommen bereits gehärtet aus der Form. Oder die Preßmasse wird durch Lösungsmittel plastisch gemacht, kalt verpreßt — sogenannte Kaltpreßstoffe — und nachträglich erwärmt, wodurch die Lösungsmittel vertrieben und etwaige chemische Veränderungen hervorgerufen werden sollen. Die mit Kunstharzen hergestellten Stoffe erfordern eine Wärmenachbehandlung zum großen Teil auch dann, wenn sie äußerlich gehärtet aus der Form kommen, es sei denn, daß die Nachkondensation durch eine besonders lange Brennzeit im Preßwerkzeug erreicht ist.

Während sonst z. B. in der Metallindustrie mit einem gegebenen Rohmaterial von gut definierten Eigenschaften gearbeitet wird, besteht eine Schwierigkeit in der Herstellung von Isolierpreßstoffen darin, daß die meisten Fabriken sich ihre Mischungen selbst herstellen. Zu den vielen Faktoren, die schon bei der Herstellung des Preßstückes aus der gegebenen Mischung die Eigenschaft des Endproduktes beeinflussen, treten nun noch alle die Faktoren, die bei der Herstellung der Mischung als veränderlich betrachtet werden müssen.

Bindemittel.

Die Asphalte natürlicher Herkunft, die hohen Glanz und eine Wärmebeständigkeit nach Krämer-Sarnow von 150 bis 200 °C haben können, werden in den Vereinigten Staaten, in Mexiko und an verschiedenen anderen Stellen gefunden. Ein Naturasphalt, der in unserer Industrie Verwendung findet, ist z. B. Gilsonit. Diese Naturasphalte enthalten Verunreinigungen durch Sand und ähnliches und einen Schwefelgehalt bis zu 10 %. Die Naturasphalte werden vor dem Mischen zweckmäßig gereinigt.

Unter Asphalten künstlicher Herkunft sind die Peche verstanden, die bei der Destillation verschiedener Teere entstehen, wie Steinkohlenteer, Braunkohlenteer, Holzteer usw. Diese Peche können je nach Art der Destillation mit verschiedenen Erweichungspunkten hergestellt werden. In der Auswahl des richtigen Peches liegt ein wesentlicher Faktor, um die Güte der daraus hergestellten Preßstoffe zu verbessern.

Von den Naturharzen wurde früher in größtem Maßstab Schellack auch für Isolierpreßstoffe verwendet. Heute steht der Verbrauch an Schellack in der Industrie der plastischen Massen noch immer an erster Stelle, da sich z. B. für die Herstellung von Grammophonplatten kein Ersatzstoff für Schellack bewährt hat. Dagegen ist die Anwendung von Schellack für Elektro-Isolierteile zurückgegangen, weil trotz seines guten Einflusses auf das Aussehen und die Festigkeit der Preßstücke die Wärmebeständigkeit nicht genügt. Statt dessen wird ein Naturharz wie Kopal vielfach verwendet, ein fossiles Harz, das u. a. in Neu-Seeland als Kaurikopal und in Manila gefunden wird. Die in der Natur vorkommenden Kopale sind je nach ihrem Herkunftsort sehr verschieden in Festigkeit und Wärmebeständigkeit. Für die Herstellung von Isolierteilen kommen die Sorten in Betracht, die hart und schwer erweichbar sind.

Die Kunstharze, die, wie schon erwähnt, der Industrie der plastischen Massen einen neuen Auftrieb gegeben haben, sind im wesentlichen Kondensationsprodukte von Phenol und Formaldehyd. Der bekannteste Vertreter dieser Körper ist das Bakelit[1]). Andere Vertreter dieser Art sind Albertol, Resinol und Neoresit. Formaldehyd ist ein Erzeugnis, das aus Metylalkohol, also einem Holzteerbestandteil, gewonnen wird. Phenole sind Bestandteile des Steinkohlenteers. Statt des chemisch einwertigen Phenols oder des homologen Kresols oder auch Xylenols finden zuweilen zweiwertige Phe-

---

[1]) Bakelit ist keine Warenbezeichnung, sondern ein der Bakelite-Gesellschaft geschütztes Wort.

nole wie z. B. Resorzin Verwendung. An Stelle des Formaldehyds können auch andere Aldehyde z. B. Azetaldehyd treten.

Unter Kondensation versteht man die unter Wasserabspaltung vor sich gehende chemische Vereinigung zweier verschiedener Körper zu einem neuen Produkt, aus dem die ursprünglichen Bestandteile gewöhnlich nicht wieder abgetrennt, abgeschieden oder zurückgebildet werden können. Die beiden Ausgangsmaterialien sind also vollständig verändert. Das überraschende beim Kunstharz ist nun, daß es zwar durch Erwärmung erweicht, aber durch weitere Erwärmung in den nicht mehr erweichbaren Zustand übergeht.

Die Herstellung der Kunstharze findet in großen Gefäßen statt, die mit einem Rührwerk versehen sind und meist mit hochgespanntem Dampf dergestalt erhitzt werden, daß man in einer ersten Operation unter Hinzufügung eines bestimmten Katalysators (Reaktionsbeschleunigers) ein flüssiges Harz bildet und dann in einer zweiten Operation das abgespaltene Wasser durch Destillation entfernt. Hierbei wird das vorher flüssige Kunstharz in ein festes, aber noch schmelzbares Harz verwandelt. Ebenso wichtig wie die Herstellung des Kunstharzes selbst ist seine Aufbereitung mit den verschiedenen Füllstoffen.

Als anorganisches Bindemittel findet Zement Verwendung oder Wasserglas. Die damit hergestellten Körper enthalten jedoch immer eine gewisse Menge Feuchtigkeit und neigen dazu, aus der Luft weitere Feuchtigkeit aufzunehmen. Die Preßstücke, die aus derartigen Mischungen hergestellt werden, müssen deshalb entweder imprägniert werden oder sie dürfen nur an solchen Stellen Verwendung finden, wo sie nicht als direkte Isolationen, z. B. als Funkenschutz, beansprucht werden.

Faser.

Die für Isolierpreßstücke am häufigsten gebrauchte Faser liefert der Asbest. Es ist dies ein Gestein, das im Ural, in Kanada, Abb. 1 u. 2, und in Südafrika gefunden wird. Zwar gibt es noch eine große Anzahl anderer Fundorte, für Isolierzwecke hat sich aber die Asbestfaser aus diesen drei Gebieten am besten bewährt. Die Kristalle des Asbests bilden lange Nadeln, die sich zu seidenweichen Fäden aufschließen lassen. Der Asbest wird im Tagebau gewonnen, von dem an-

Abb. 1. Kanadischer Asbeststein
Asbestos and Mineral Corporation, New York, durch Ernst Keiler jr., Hamburg.

haftenden Gestein befreit und durch Mühlen verschiedener Art zerkleinert. Der Asbest enthält zwar immer etwas Kristallwasser, es hat sich aber gezeigt, daß bei der Verarbeitung mit den schon genannten Bindemitteln Körper entstehen, die elektrisch gute Eigenschaften haben. Allerdings sind diese Preßkörper im allgemeinen nur für Spannungen bis 750 Volt verwendbar. Eine andere Faser, die besonders im Zusammenhang mit Kunstharz viel verwendet wird, liefert das Holz. Das Holzmehl darf nur von bestimmten Holzarten stammen und muß fein gemahlen sein. Vielfach wird auch Zellstoff verwendet, dagegen hat wohl der Verbrauch von Baumwollabfall erheblich abgenommen.

Füllmittel.

Die Bedeutung der Füllmittel ist bisher unterschätzt worden. Es hat sich namentlich bei Untersuchung der Preßstoffe auf die Größe des Verlustwinkels in der Fernsprechtechnik gezeigt, daß die Füllmittel hier eine wichtige Rolle spielen. Verwendet werden in der Hauptsache Steinmehle. Der Aufbereitungsgrad, d. h. die Feinheit der Mahlung und die Rein-

Abb. 2. Kanadische Asbestgrube
Becker & Haag, Berlin.

heit sind wesentlich. Es gelangen zur Verwendung z. B. Schwerspat, Marmormehl und Talkum.

Es sei hier darauf aufmerksam gemacht, daß die chemische Zusammensetzung von Asbest, Talkum und Speckstein die gleiche ist, da es sich hier um Modifikationen derselben Verbindung handelt.

Lösungsmittel.

Die Lösungsmittel, welche dazu dienen, die Bindemittel zu erweichen, um sie entweder besser mischen zu können oder um die Mischung plastischer zu machen, sind für Steinkohlenteerpech Benzol, Kreosotöl u. a., für Kopal und für Kunstharze Alkohol.

Mischung.

Bevor die verschiedenen Rohstoffe zu einer Mischung vereinigt werden, sind sie einer sorgfältigen Aufbereitung zu

Abb. 3. Mischmaschine (Mastikator).

unterwerfen, um sie von unerwünschten Beimengungen oder Verunreinigungen zu befreien und zu zerkleinern oder zu lösen. Die Herstellung der eigentlichen Mischung aus diesen aufbereiteten Rohstoffen erfolgt in besonders kräftig ausgestalteten Mischmaschinen — sogenannten Mastikatoren —,

Abb. 3, wie sie ähnlich in der Gummiindustrie gebraucht werden. Zur Herstellung trockener Mischungen dienen auch Mischtrommeln, Abb. 4, ebenso finden auch heizbare Mischwalzen, Abb. 5, Anwendung. Die Mischungen verlassen die Mischmaschinen als grobe Stücke, die einer weiteren Behandlung bedürfen, um preßfertig zu sein. Die Mischungen werden deshalb in Hammermühlen, Kreuzschlagmühlen oder

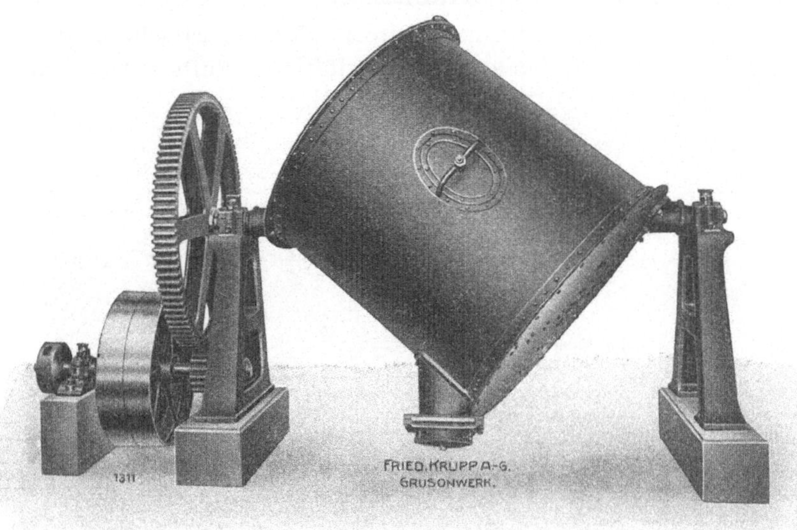

Abb. 4. Mischtrommel.

ähnlichen Mahlvorrichtungen, Abb. 6, zerkleinert. Um die verschiedenen Korngrößen dann zu sortieren, bedient man sich der Trommelsiebe, Abb. 7.

Die so aufbereitete Mischung gelangt nun als Pulver oder als gekörnte Masse in verschiedenen Korngrößen in die Presserei. Hier wird sie durch Raummaß oder durch Abwiegen je nach Größe des Preßstückes abgeteilt. Für Mischungen von einer gewissen Feinkörnigkeit werden mechanische Abteilvorrichtungen, Abb. 8, verwendet. Die aus Kunstharz und

Abb. 5. Mischwalze.

Abb. 6. Perplex-Mühle.
Alpine Maschinen-Akt.-Ges., Augsburg.

Abb. 7. Trommelsieb.

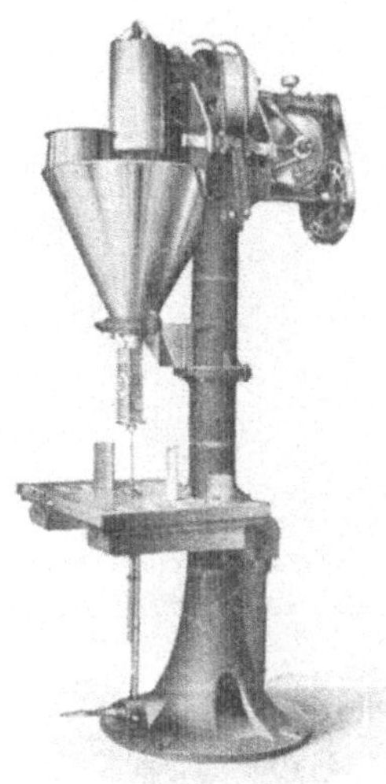

Abb. 8. Abfüllmaschine.
Fritz Kilian, Berlin-Hohenschönhausen.

Abb. 9. Automatische Tablettenmaschine.
Fritz Kilian, Berlin-Hohenschönhausen.

Holzmehl bestehenden Mischungen nehmen bei geringem spezifischen Gewicht einen großen Raum ein. Für die Herstellung großer Massen gleichartiger Preßstücke werden deshalb Vorpressungen gebraucht, die auf sogenannten Tabletten-

Abb. 10. Handkurbelpresse.
J. Rohrbach G. m. b. H., Katzhütte.

maschinen, Abb. 9, hergestellt werden. Die Vorpressungen erlauben eine Beschleunigung des Füllens der Form, die besonders bei Mehrfachformen wesentliche Ersparnisse ergibt.

Pressen.

Die Verarbeitung aller plastischer Massen für Isolierzwecke erfordert hohe spezifische Drücke, so daß für größere Preßstücke sehr große Kräfte nötig sind. Die Anwendung der in der Porzellanindustrie weit verbreiteten Handpressen, Kurbelpresse, Abb. 10, beschränkt sich deshalb in

Abb. 12. Hydraulische Pressen für je 12000 kg Druck, mit oben liegendem Zylinder und mechanischem Ausstoßer.

der Industrie der gummifreien Isolierstoffe nur auf kleine Preßstücke. Von anderen mechanischen Pressen finden

Spindelpressen Verwendung. Die größte Verbreitung in der Presserei von Isolierteilen hat jedoch die hydraulische

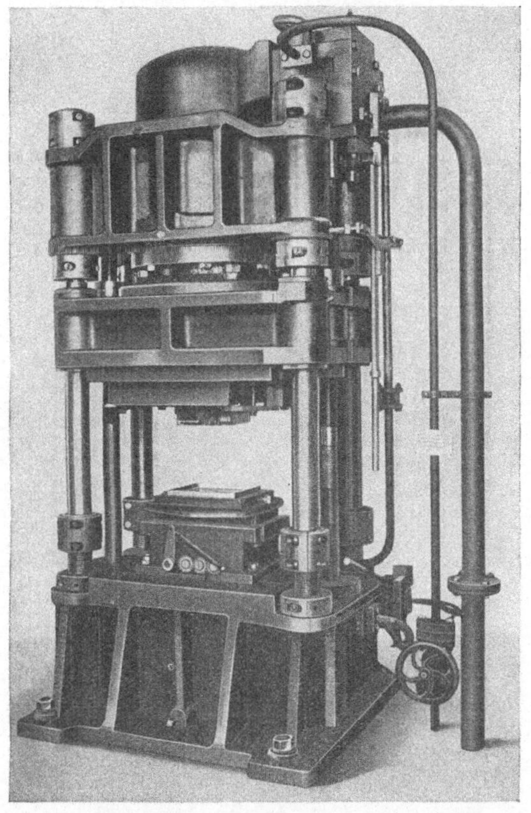

Abb. 13. Hydraulische Presse für 150 000 kg Druck, mit oben liegendem Zylinder und hydraulischem Ausstoßer. (AEG)

Presse, die mit unten- oder obenliegendem Zylinder, Abb. 12 und 13, mit mechanischem und hydraulischem Ausstoßer gebaut werden. Für große Preßstücke, z. B. für Zählertafeln,

Abb. 14. Hydraulische Presse für 500 000 kg Druck. (AEG)

sind Pressen mit einer Gesamtkraft von 400—500 t im Betrieb, Abb. 14. Für die Anfertigung von Platten in der Größe von 1,2 bis 1,5 qm werden derartige Pressen mit Drücken bis zu 1000 t verwendet.

In allen größeren Pressereien sind viele Pressen gleich-

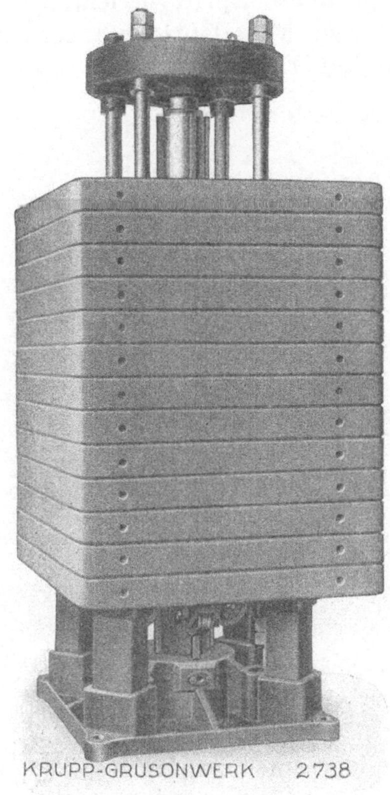

Abb. 15. Akkumulator mit Gewichtsbelastung.

zeitig mit Druckwasser zu versorgen. Es ist deshalb nicht möglich, das Druckwasser direkt von der Preßpumpe auf die Presse arbeiten zu lassen, vielmehr ist die Zwischenschaltung von Akkumulatoren notwendig, die mit Belastung entweder durch Gewichte oder durch Druckluft betrieben werden, Abb. 15 und 16.

Spritzvorrichtungen.

Für die Verarbeitung der weniger wärmebeständigen Massen werden sogenannte Spritzvorrichtungen, Abb. 17, verwendet, die den für Metallspritzguß verwendeten Einrichtungen ähnlich sind. Es sind dies kleine mechanische Pres-

Abb. 16. Druckluft-Akkumulatoren-Anlage.
Rechts Hochdruck-Akk. f. 200 atm Preßwasserdruck, links Niederdruck-Akk. f. 50 atm Preßwasserdruck.

sen, bei denen aus einem erwärmten Vorratsbehälter die Preßmasse durch eine kleine Öffnung, durch die sogenannte Spritzdüse, in die besonders hergerichtete Form hineingedrückt wird, Abb. 18.

Preßvorgang.

Bei der Herstellung eines Isolierteiles aus Warmpreßmasse spielt sich der Preßvorgang etwa in folgender Weise

Abb. 17. Automatische Spritzvorrichtung.
Bezet-Werk Hermann Buchholz G. m. b. H., Berlin-Neukölln.

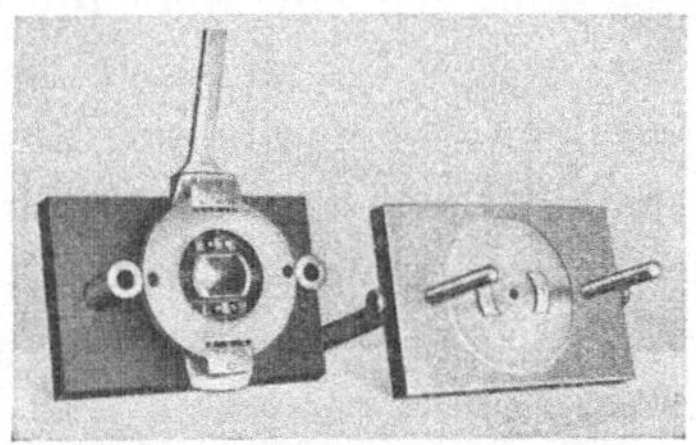

Abb. 18. Spritzwerkzeug.
Bezet-Werk Hermann Buchholz G. m. b. H., Berlin-Neukölln.

ab. Die Mischung wird auf einer Wage, durch ein Füllmaß oder durch eine automatische Dosiermaschine abgeteilt und durch Dampf, Gas oder durch den elektrischen Strom erwärmt, und zwar auf Temperaturen zwischen 130^0 und 180^0 C je nach Wärmebeständigkeit und Art der Mischung. Die abgeteilte und erwärmte Masse wird in das ebenfalls geheizte Preßwerkzeug eingefüllt, das vorher sorgfältig gesäubert und leicht eingefettet ist. Sollen Metallteile eingepreßt werden, so sind diese in die Formteile, welche die Aussparungen für ihre Aufnahme enthalten, sorgfältig einzulegen und so in ihrer Lage zu sichern, daß sie durch die Preßmasse beim eigentlichen nun folgenden Preßvorgang nicht verschoben oder zerdrückt werden können. Meist muß die Preßmasse, namentlich bei stark profilierten Stücken, so verteilt werden, daß sie z. B. an den Rändern einer Kappe oder Tafel und an den Stellen, wo sich Rippen bilden sollen, angehäuft wird, da sonst solche Stellen nicht richtig auspressen und porig werden. Der Oberstempel des Preßwerkzeugs wird dann, wenn es sich um eine hydraulische Presse handelt, allmählich in die Form gedrückt, bis nach dem Aufsetzen des Stempels auf die zusammengepreßte Masse der Druck auf den Höchstwert ansteigt. Wenn die Preßstücke eine gewisse Zeit unter Druck stehenbleiben, erhalten sie eine bessere Oberfläche und größere Dichtigkeit. Bei mechanischen Pressen, wie bei Handkurbelpressen oder Spindelpressen, tritt die Druckwirkung plötzlich ein und läßt sich nicht so bequem auf eine längere Zeit ausdehnen. Das Preßstück wird darauf durch den von Hand oder durch die Rückzugvorrichtung der Presse bewegten Ausstoßer aus der Presse gehoben. Bei größeren Preßstücken werden hydraulische Hilfspressen verwendet, die bei ihrem Rückgang das Werkzeug wieder in die Arbeitslage zurückführen. Bei manchen Warmpreßmassen ist es erforderlich, das Preßwerkzeug vor dem Ausstoßen abzukühlen, um eine saubere Oberfläche und ein leichtes Abheben vom Werkzeug zu erzielen.

Alle diese Vorgänge, Abteilen, Heizen, Füllen, Pressen, Abkühlen, Ausstoßen und Abheben bedingen je nach der Art des Preßstücks und je nach den angewendeten Hilfsmitteln die erzielbare Stundenleistung, die bei einfachen Preßstücken, wie bei kleinen Schalterkappen, auf 200 Stück

Abb. 19. Druckkesselanlage zur Wärmenachbehandlung von Isolierpreßteilen. (AEG)

und mehr steigen kann, während bei größeren Preßstücken, in die Metallteile eingepreßt werden, z. B. bei einer Zählertafel mit einem Gewicht von 2,5 kg, die Stundenleistung nur etwa 12 bis 15 Stück beträgt. Die Massen, welche Kunstharze enthalten, müssen längere Zeit bei Wärmezufuhr unter der Presse stehen, damit das im Preßwerkzeug durch die

Erwärmung plastisch gewordene Harz anfängt zu kondensieren und in den nicht mehr schmelzbaren Zustand überzugehen. Infolgedessen sinkt bei Kunstharz-Preßstoffen im Einzelwerkzeug die Leistung gegenüber den anderen Warmpreßmassen, und hierin liegt der Grund, warum man für Kunstharz enthaltende Preßstoffe Mehrfachformen verwendet. Durch Mehrfachwerkzeuge kann die Leistung je nach der Zahl der Einsätze des Werkzeuges wesentlich erhöht werden. Bei Anwendung von sogenannten Schnellpreßmischungen beträgt die Brennzeit im Preßwerkzeug für dünnwandige Teile 2 bis 3 Minuten, für Preßstücke mit starken Wänden dagegen 10 bis 15 Minuten.

Bei Kaltpreßmassen bleibt sowohl die Mischung als auch das Werkzeug unbeheizt. Es muß dann aber eine Nachbehandlung durch Erwärmung stattfinden, die entweder in einfachen Öfen oder in Kesseln unter Druck vorgenommen wird, Abb. 19. Die Temperaturen, bei denen die Nachbehandlung vorgenommen wird, liegen zwischen 150^0 und 250^0 C, die Brenndauer schwankt zwischen 6 Stunden und 4 Tagen. Bei Preßteilen aus Stoffen der Type 4 z. B. muß zur Verhinderung der Blasenbildung die Erwärmung ganz allmählich erfolgen. Eine Ausnahme bilden die Kaltpreßstoffe in der Art des Zementasbestes. Hier kann man ein Abbinden bei Lufttemperatur vor sich gehen lassen.

Nachbearbeitung.

Die Preßstücke erfordern, wenn sie aus dem Preßwerkzeug kommen, noch eine Nachbearbeitung, da sich fast nie die Bildung eines Grates an den Stellen, wo das Preßwerkzeug geteilt ist, vermeiden läßt. Die Nachbearbeitung umfaßt ferner das Anbringen von Bohrungen, die so liegen, daß sie sich mit Hilfe von Formstiften nicht ausführen lassen, oder die so geringe Abmessungen haben, daß die Formstifte zu dünn und dadurch zu empfindlich werden. Die Grenze liegt etwa bei 5 mm Durchmesser.

Außer dem Entgraten und Bohren ist meist eine Nachbearbeitung der Oberfläche notwendig. Die Warmpreßmassen erhalten in polierten oder vernickelten Formen eine glänzende Oberfläche, sodaß sich ihre Nachbearbeitung auf ein Abwischen an einem Schwabbel beschränken kann. Wird bei Kaltpreßmassen eine blanke Oberfläche verlangt, so ist Schleifen und Lackieren erforderlich. Die Naturfarbe von Kaltpreßmassen, die Kunstharze enthalten, ist braun oder gelb, bisweilen auch grau. Ein tiefes Schwarz läßt sich wegen der ziemlich hohen Temperaturen, die bei der Wärmebehandlung nötig sind, schwer erzielen. Die Oberfläche wird auch nicht ganz glatt. Bei Preßstücken aus warmgepreßten Kunstharzmaterialien und aus Acetyl- und Nitrozellulose beschränkt sich die Nachbehandlung auf ein Glänzen, ähnlich wie bei Warmpreßmassen.

Fast alle Preßmassen, außer den zuletzt erwähnten, enthalten Steinmehle und Asbest. Sie besitzen deshalb ziemlich große Härte und greifen Schneidwerkzeuge stark an. Schon aus diesem Grunde empfiehlt sich, die Preßform so auszuführen, daß die nachträgliche Bearbeitung auf das geringste Maß beschränkt wird. Wie schon der Name der Stoffe sagt, von denen wir hier sprechen, sind sie dazu geschaffen worden, durch den Preßvorgang ihre Formgebung zu erhalten und nicht durch nachträgliche Bearbeitung. Die Kosten des Werkzeuges werden sich nur unwesentlich ändern, wenn Rippen, Aussparungen, umlaufende Ränder und Ansätze angebracht werden. Jedenfalls stehen diese Kosten in keinem Verhältnis zu denen, die durch ihre nachträgliche Bearbeitung entstehen würden.

Infolge der schon erwähnten Härte der gummifreien Isolierpreßmassen kommt als Bearbeitungsmittel hauptsächlich Karborundum in Frage, und zwar entweder in Gestalt der Schleifscheibe oder in Form von Schmirgelleinen oder Schmirgelpapier als endloses Band, Bandschleifer Abb. 20, oder als Belag einer Tellerscheibe. Bei runden Körpern findet die Bearbeitung am Polierstock und an der Schwabbelscheibe statt. Handelt es sich um Herstellung von Paßflächen, so kommen die Schleifmaschinen, und zwar sowohl die Rundschleifmaschine, Abb. 21, als auch die Flächenschleifmaschine, in Betracht.

Platten oder plattenförmige Körper lassen sich mit Hilfe der Bandsäge zerteilen, jedoch ist es wegen der stumpfenden Wirkung des Materials erforderlich, die Sägen häufig zu schärfen. Für das Bohren können Spiralbohrer am besten aus Schnellarbeitsstahl oder auch Spitzbohrer aus Silberstahl verwendet werden.

Besonders bei den Kaltpreßmassen wird eine Lackierung durch schwarzen Lack vorgenommen, und zwar meist in einer der drei Ausführungen: matt, mit Seidenglanz, mit Hochglanz. Das Lackieren erfolgt mit Hilfe von Preßluft durch Spritzvorrichtungen. Wenn besondere Härte und Widerstandsfähigkeit des Lackes verlangt wird, so wird ein ofentrocknender Lack verwendet.

Preßwerkzeuge.

Von größter Wichtigkeit bei der Herstellung von Isolierpreßteilen ist das Preßwerkzeug, dessen Konstruktion und Ausführung das Endprodukt maßgebend beeinflußt. Da die spezifischen Drücke, die zur Verdichtung der Preßmassen nötig sind, sehr hohe sind, und zwar bis zu 1000 kg pro qcm, so haben die Preßformen große Gesamtkräfte aufzunehmen. Es ist daher leicht verständlich, daß zur Herstellung der Formen nur besonders zäher und harter Stahl verwendet werden kann, der, soweit möglich, noch gehärtet werden muß. Hierfür kommen vor allem die legierten Stähle in Betracht, deren Bearbeitung auch besonders zähen und harten Werkzeugstahl erfordert. Wie groß die Gesamtkräfte sind, um die es sich hier handelt, haben wir schon bei Besprechung der Pressen erwähnt. Für die Herstellung der Werkzeuge sind vielfach Arbeiten nötig, die dem Gravieren

Abb. 20. Bandschleifer.

Abb. 21. Rundschleifmaschine.

ähnlich sind. Hierfür sind eine Reihe von Spezialvorrichtungen geschaffen worden.

Jedes Preßwerkzeug besitzt einen Raum zur Aufnahme der Preßmasse — den sogenannten Füllraum —, ferner die eigentliche Matrize, das ist der Teil, in dem das Preßstück

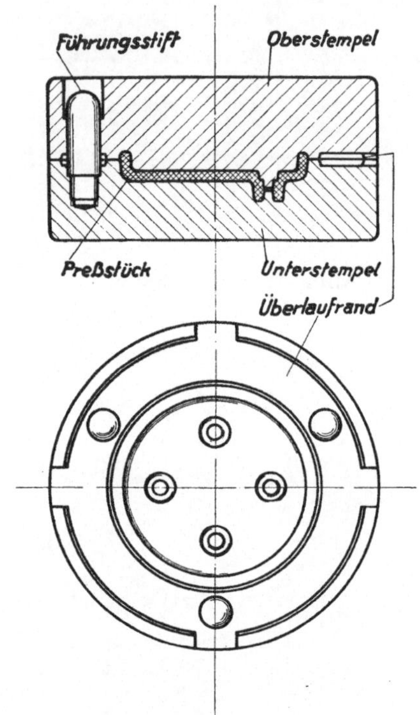

Abb. 22. Quetschform.

entsteht und der durch den Oberstempel abgeschlossen wird, ferner einen Auswerfer, um das Preßstück aus der Form zu entfernen. Meist besitzen diese Werkzeuge eine Führung für den Oberstempel. Die Hauptteile der Form sind demnach: Gesenk mit Füllraum, Unterstempel mit Auswerfer, und Oberstempel. Die Formen können entweder als offene, das sind Quetschformen mit einem Überlaufrand, ausgeführt werden, Abb. 22, in diesem Fall wird die Führung für den oberen Teil durch einen Stift oder Dübel hergestellt. Dagegen ergibt die Preßform, die mit einer Führung des Oberstempels versehen ist, eine vollkommen geschlossene Form, sobald der Oberstempel anfängt einzutauchen, Abb. 23.

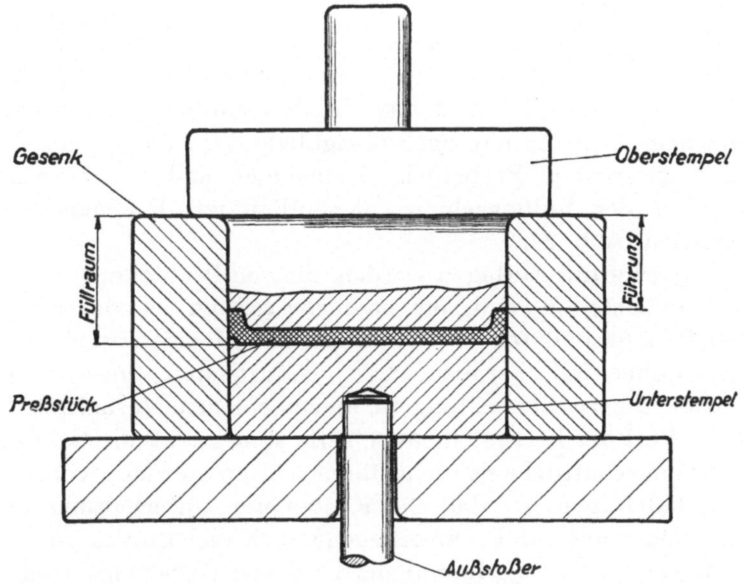

Abb. 23. Geschlossene Form.

Je nach der Art und der Menge der herzustellenden Preßstücke verwendet man einfache Formen, bei denen in jedem Arbeitsgang nur ein Preßstück erzeugt wird, oder Mehrfachformen, die bisweilen 2 bis 3 Einsätze, häufig aber auch 10 bis 20, ja sogar 100 und mehr Einsätze haben können.

Die Werkzeuge wurden früher vielfach als freie Formen ausgeführt, die unter die Presse geschoben wurden, sobald das Vorrichten und die Füllung auf der Werkbank und das

Anwärmen des mit Material gefüllten Werkzeuges im Ofen erfolgt war. Heute werden wohl überwiegend eingespannte Formen, s. Abb. 13, verwendet, bei denen das Gesenk und der Oberstempel auf der Presse festgespannt sind. Zum Öffnen der Werkzeuge werden zur Beschleunigung des Arbeitsganges mechanische Hilfsmittel, vielfach auch hydraulische Hilfspressen verwendet, die in dem Pressentisch untergebracht sind.

Die Vorrichtungen dieser Art sind in einzelnen Fällen schon so weit entwickelt worden, daß sich das Säubern der Formen, das Füllen und das Pressen automatisch abspielt und dem Arbeiter nur noch übrigbleibt, das fertige aus der Form geworfene Preßstück abzunehmen und den Vorratsbehälter der Füllmaschine gelegentlich mit Preßmasse zu versehen, Abb. 24.

Je größer die Auflagen werden, die von Preßteilen gleicher Art herzustellen sind, um so mehr gelingt es, durch Anwendung besonderer Vorrichtungen und Mehrfachwerkzeuge den Lohnanteil herabzusetzen. Naturgemäß müssen die Kosten dieser Einrichtung in einem solchen Verhältnis zu dem Wert der herzustellenden Teile stehen, daß die Grenzen der Wirtschaftlichkeit nicht überschritten werden, wobei zu berücksichtigen ist, daß die Kosten der Unterhaltung und Instandsetzung für Preßwerkzeuge auch verhältnismäßig um so höher werden, je komplizierter diese Werkzeuge sind.

Bei richtiger Konstruktion und Ausführung der Preßwerkzeuge hängt ihre Lebensdauer zum großen Teil von der Einwirkung der in die Form mit großer Geschwindigkeit einströmenden Masse ab. Besonders bei Kaltpreßmassen ist hierdurch der Angriff auf das Preßwerkzeug so heftig, daß bereits nach einigen tausend Pressungen deutliche Spuren des Weges der Preßmasse in der Form erkennbar sind. Hierdurch wird auch die Oberfläche der Preßstücke rauh und unansehnlich und macht eine schärfere Nachbehandlung notwendig. Die Glätte der Oberfläche der

Abb. 24. Automatische Presse mit Dosiermaschine.
(AEG.)

Preßstücke hängt naturgemäß in erster Linie von der Beschaffenheit der Werkzeugoberfläche ab. Eine sorgfältige Politur oder noch besser eine Vernickelung des Preßwerkzeuges ergibt auch eine dichte und glänzende Oberfläche des Preßstückes.

3. Eigenschaften und Prüfung.

Lange Zeit hat darüber Unklarheit bestanden, welche Eigenschaften der Isolierpreßstoffe von besonderer Wichtigkeit sind. Zunächst glaubten sowohl Abnehmer als auch Hersteller, daß die Durchschlagsfestigkeit die Charakteristik eines Preßstoffes ergibt. Daher finden wir aus dieser Zeit nur Angaben über Durchschlagsprüfungen mit hohen Paradezahlen, ohne daß angegeben wurde, in welcher Weise die Versuche durchgeführt wurden. Inzwischen ist der Vorgang des Durchschlags näher erforscht worden[1]), und es hat sich herausgestellt, daß selbst bei sorgfältiger Überwachung aller Versuchsbedingungen dieser Vorgang noch immer nicht restlos geklärt ist. Die Durchschlagsfestigkeit spielt heute bei den meisten gummifreien Isolierstoffen schon deshalb keine Rolle, weil diese Stoffe bei Niederspannung gebraucht werden. Eine Spannungsprüfung findet darum nur als Abnahmeprüfung an fertigen Stücken statt, besonders da, wo Metallteile eingepreßt werden, wie z. B. bei Bolzen und Kugeln für Oberleitungen oder bei Klemmbrettern für Motoren, Zählern usw.

Um dem für beide Teile — Verbraucher und Hersteller — gleich unhaltbaren Zustand ein Ende zu bereiten, nahm sich der Verband deutscher Elektrotechniker dieser Frage an. Die Isolierstoffkommission des VDE hatte sich zum Ziel gesetzt, herauszufinden, welche Eigenschaften wichtig sind und wie die Prüfung vorzunehmen ist. Diese Arbeiten fan-

[1]) Siehe „Zur Theorie des Wärmegleichgewichts fester Isolatoren“ von K. Berger, ETZ 1926, Heft 23, S. 673.

den nach zahlreichen Versuchen durch das staatliche Materialprüfungsamt und die Physikalisch-Technische Reichsanstalt zunächst ihren Abschluß durch den von dem damaligen Vorsitzenden der Isolierstoffkommission, Dr. H. Passavant, im Jahre 1912 erstatteten Bericht[1]). Damals wurden zwei Gruppen von Eigenschaften untersucht. Die erste Gruppe umfaßte die mechanisch-technischen Eigenschaften, die Wärmebeständigkeit und die chemischen Eigenschaften.

Um ein Bild über die Festigkeit der Isolierstoffe zu erhalten, wurden neun verschiedene Versuchsreihen durchgeführt, und zwar an Proben verschiedener Abmessungen, zum Teil an prismenförmigen Stücken und anders geformten Proben. Untersucht wurden u. a. Biegefestigkeit, Druckfestigkeit, Härte nach Martens und Heyn und Lochfestigkeit.

Die Feststellung der Bearbeitbarkeit erfolgte durch Beobachtung beim Schneiden mit der Bandsäge, beim Hobeln und Bohren. Die Wärmebeständigkeit wurde an einem Probestab im Martensapparat festgestellt und auch untersucht, wie die Stoffe sich verändern, wenn sie längere Zeit der Einwirkung von trockener Luft von 100 ^{0}, Wasserdampf und Frost ausgesetzt werden. Die weitere Untersuchung umfaßte die Eigenschaften der Preßstoffe gegenüber chemischen Einwirkungen, und zwar wurden die Proben längere Zeit in Wasser und in verschiedene Säuren, Alkalien, Öle usw. gelegt.

Durch die Physikalisch-Technische Reichsanstalt wurden elektrische Messungen ausgeführt, die den Durchgangswiderstand, Oberflächenwiderstand und auch die Durchschlagsspannung umfaßten, sowie Veränderung dieser Eigenschaften nach Einwirkung verschiedener Chemikalien und anderer Einflüsse. Schließlich wurde noch beobachtet, wie sich die verschiedenen Stoffe gegenüber dem elektrischen Lichtbogen verhalten. Diese sehr ausführlichen Untersuchungen gaben

---

[1]) ETZ 1912, Heft 18, S. 450.

eine geeignete Grundlage, um zu erkennen, worauf es bei Isolierstoffen ankommt.

Aus der großen Zahl der Prüfungen, die in dem erwähnten Bericht der Isolierstoffkommission angeführt waren, wurden die wichtigsten ausgewählt und ihre Zusammenfassung zunächst als „gekürztes" Prüfverfahren bezeichnet, in der Annahme, daß diejenigen, die ein Interesse an der genauen Beurteilung eines Isolierstoffs hätten, ihn allen Prüfungen unterwerfen würden, die bei der ersten Untersuchung angewendet wurden. Es zeigte sich aber, daß das „gekürzte" Prüfverfahren durchaus genügte, um wenigstens zur Verwendung für Starkstrom bis 750 Volt einen Isolierstoff zu bewerten. Deshalb gilt heute das gekürzte Prüfverfahren, wie es in den „Prüfvorschriften für Isolierstoffe"[1]) festgelegt ist, als das Prüfverfahren schlechthin. Für Sonderzwecke bleibt eine weitergehende Prüfung natürlich vorbehalten.

Die eigentliche elektrische Prüfung wurde auf die Prüfung des Oberflächenwiderstandes und des Widerstandes im Innern beschränkt, da für Niederspannungszwecke die Durchschlagsfestigkeit keine Rolle spielt.

Von den mechanischen Eigenschaften ermittelt man neben der Kugeldruckhärte die Biegefestigkeit, Abb. 25, und die Schlagbiegefestigkeit, Abb. 26. Die Wärmebeständigkeit, die von außerordentlicher Wichtigkeit ist, da die meisten Isolierteile einer Erwärmung im Betriebe ausgesetzt sind, wird durch Feststellung der Temperatur gemessen, bei der eine gegebene mechanische Beanspruchung eine bestimmte Deformation bewirkt.

Um die Entflammbarkeit eines Isolierstoffes und sein Verhalten im Bereich eines etwa auftretenden Lichtbogens festzustellen, werden die Prüfungen auf Feuersicherheit

[1]) VDE-Sonderdruck 318. Die im Jahre 1927 beschlossenen Änderungen sind in der gegenwärtigen Besprechung bereits berücksichtigt.

und Lichtbogensicherheit vorgenommen. Da die jetzige Definition des Begriffs der Feuersicherheit sich nicht aufrechterhalten läßt, ist man zur Zeit damit beschäftigt, den praktischen Verhältnissen besser entsprechende Begriffe festzulegen und neue Prüfmethoden auszuarbeiten.

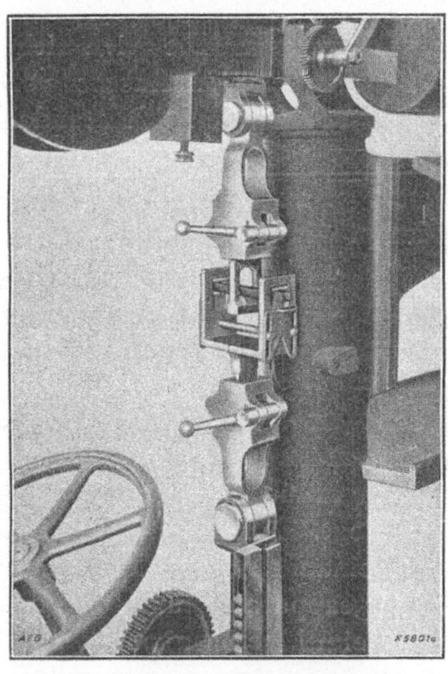

Abb. 25. Biegevorrichtung für Prüfstäbe an einer normalen Zerreißmaschine.

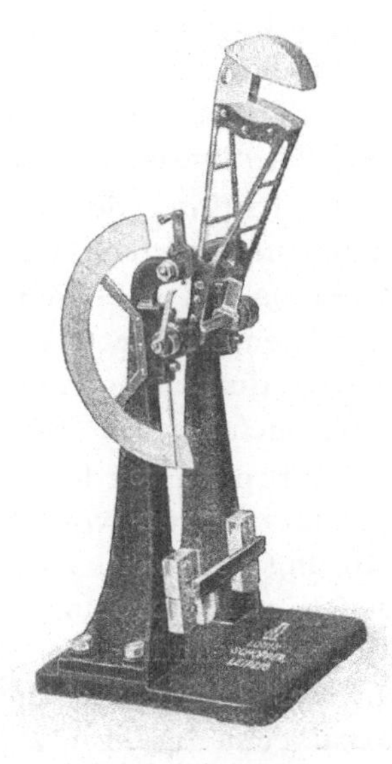

Abb. 26. Pendelschlagwerk für 10 cm/kg Schlagarbeit von L. Schopper, Leipzig.

Nach den heute geltenden Prüfvorschriften erstreckt sich die Untersuchung eines Isolierstoffes demnach auf folgende Ermittlungen:

A. Mechanische und Wärmeprüfung:

1. Biegefestigkeit;
2. Schlagbiegefestigkeit;
3. Kugeldruckhärte;

4. Wärmebeständigkeit;
5. Feuersicherheit.

B. Elektrische Prüfung:
1. Oberflächenwiderstand;
2. Widerstand im Innern;
3. Lichtbogensicherheit.

Eine besondere Messung der Wasseraufnahme wird nicht vorgesehen, da eine sichere Prüfung des Einflusses von Feuchtigkeit durch Messung des Oberflächenwiderstandes nach 24stündigem Liegen im Wasser stattfindet.

Die Prüfung der Beständigkeit gegen 25%ige Schwefelsäure und gegen Ammoniakdampf findet ebenfalls durch Messung des Oberflächenwiderstandes nach Einwirkung dieser Agentien statt. Frostbeständigkeit wird in Verbindung mit Prüfung der Schlagbiegefestigkeit, Ölbeständigkeit bei Untersuchung der Biegefestigkeit ermittelt.

Als Proben werden Stäbe in den Abmessungen 10×15×120 mm und Platten von 10×120×150 mm verwendet. Die Ausführung der Versuche ist durch genaue Vorschriften eindeutig und reproduzierbar festgelegt. Zur Feststellung der Wärmebeständigkeit sind nebeneinander zwei Methoden, die des Martensschen Warmbiegeapparates und die der Vicatschen Nadel[1]), zugelassen. Beim Martensapparat, Abb. 27, wird der Prüfstab der verhältnismäßig hohen Biegebelastung von 50 kg/qcm unterworfen, so daß die in Temperaturgraden (Martensgraden) ausgedrückten Zahlen, die für die Wärmebeständigkeit ermittelt werden, insofern nicht sehr anschaulich sind, als der tatsächliche Erweichungspunkt stets höher liegt. Beim Vicatapparat wird der Prüfkörper auf Druck beansprucht, so daß sich hierbei Zahlen ergeben, die von den Zahlen der Martensprobe abweichen. Die „Vicatgrade" liegen meist höher als die „Martensgrade".

---

[1]) ETZ 1927, Heft 5, S. 156.

Die Feuersicherheit wird durch das Verhalten des Probestabes in der Flamme eines Bunsenbrenners geprüft. Es werden drei Stufen unterschieden, je nachdem, ob der Stab nach dem Entfernen der Flamme länger als 1/4 Minute weiterbrennt oder nicht, oder ob sich der Stab in der Flamme nicht entzündet. Die Methode ist ziemlich grob, denn bei ihrer Anwendung sind in die erste Stufe neben Stoffen, die ziemlich

Abb. 27. Martens-Apparat zur Prüfung der Wärmebeständigkeit.

leicht brennbar sind, solche einzuordnen, die praktisch als gut feuersicher angesehen werden können. Deshalb ist in Aussicht genommen, an Stelle der Feuersicherheit in Zukunft die Glutsicherheit und Schaltfeuersicherheit zu setzen, zu deren Prüfung neue Vorrichtungen benutzt werden sollen. Zur Ermittlung der Glutsicherheit dient ein bei einer bestimmten Temperatur glühender Stab, mit dem der Prüfstab in Berührung gebracht wird. Gemessen wird dessen Gewichtsverlust und gleichzeitig die Ausdehnung der Entflammung beobachtet. Zur Prüfung der Schaltfeuersicherheit soll ein genau definierter, magnetisch auf eine bestimmte Stelle des Prüflings gelenkter Lichtbogen benutzt werden. Die Zahl der Lichtbögen, die der Prüfling aushalten kann, bis die Entflammung eintritt, bildet den Maßstab für die Schaltfeuersicherheit. Beide Methoden bedürfen noch der exakten Durcharbeitung.

Zur Beurteilung des Oberflächenwiderstandes werden nicht die unmittelbar ermittelten Zahlen herangezogen, sondern Vergleichszahlen, um die Größenordnung anzugeben. Es sind 6 Vergleichszahlen 0 bis 5 festgesetzt, von denen 0 dem geringsten, 5 dem höchsten Oberflächenwiderstand entspricht; Vergleichszahl 0 entspricht einem Oberflächenwiderstand unter $^1/_{100}$ Megohm, die Zahl 5 einem solchen über 1 Million Megohm.

Für die Zwecke des Fernsprechapparatebaues hat das Telegraphentechnische Reichsamt Prüfbestimmungen[1]) erlassen, die für die Prüfung der Biegefestigkeit und Wärmebeständigkeit mit den VDE-Prüfvorschriften gleichlautend sind. Daneben wird der Gleichstrom-Isolationswiderstand und der dielektrische Verlustwinkel (bzw. dessen $\operatorname{tg}\delta$) bei 800 Hz geprüft, beide Messungen werden nach viertägiger Lagerung der Proben in Luft von 80% relativer Feuchtigkeit vorgenommen.

4. Typen und Klassen.

Mit der Festlegung der Prüfvorschriften für Isolierstoffe durch den Verband deutscher Elektrotechniker war zwar ein großer Schritt vorwärts getan, um zu einer sicheren Beurteilung derartiger Stoffe zu kommen. Es fehlte aber an

---

[1]) TRA-Normblatt E 4132.

Übersichtlichkeit für die Verbraucher, die sich einer Fülle von derartigen Stoffen mit allen möglichen Phantasienamen gegenübersahen, wenn sie Isolierteile auszuwählen hatten. Die Isolierstoffkommission des VDE hatte zwar die Absicht, eine Gruppierung der Isolierstoffe nach dem Verwendungszweck vorzunehmen. Hierbei traten jedoch mannigfache Schwierigkeiten auf. Zunächst waren — dies wurde übrigens erst nach ziemlich langer Zeit mit hinreichender Klarheit erkannt — die Beanspruchungen, denen die Isolierteile im Betriebe ausgesetzt sind, zahlenmäßig vielfach nicht bekannt. So bedurfte es z. B. zur Ermittlung der Kräfte, die beim Ein- und Ausschalten von Hebelschaltern auf die aus Isolierstoff bestehenden Griffe, Traversen und Grundplatten ausgeübt werden, langwieriger Versuche durch die der Bayerischen Landesgewerbeanstalt in Nürnberg angegliederte Untersuchungsstelle für Isolierteile[1]). Eine andere Schwierigkeit, die sich einer Gruppierung der Isolierstoffe nach dem Verwendungszweck entgegenstellte, lag darin, daß man wohl von den einzelnen Isolierstoff-Fabrikanten Mitteilungen über die Eigenschaften eines bestimmten Preßisolierstoffes erhalten konnte, aber keine Klarheit hatte, welche Preßmassen der verschiedenen Fabrikanten einander gleichzusetzen waren. Um in dieser Lage überhaupt weiterzukommen, entschlossen sich die in der Untergruppe IV (Gummifreie Isolierstoffe) der Fachgruppe 19 des Zentralverbandes der deutschen elektrotechnischen Industrie zusammengeschlossenen Isolierstoff-Hersteller ihrerseits Klarheit zu schaffen und von sich aus eine Klassifizierung der Preßmassen vorzunehmen[2]). Den besonderen Anlaß zu diesem Entschluß gab die Feststellung, daß als Folge des Entstehens zahlreicher neuer Werke in der unmittelbar auf den Krieg folgenden Zeit vielfach über das Auftreten minderwertiger

[1]) ETZ 1924, Heft 43, S. 1148, 1925, Heft 5, S. 145 und Heft 19, S. 692.
[2]) ETZ 1923, Heft 6, S. 137.

oder ungeeigneter Preßisolierstoffe geklagt wurde. Da die meisten Klagen sich auf ungenügende Wärmesicherheit und mangelnde mechanische Festigkeit bezogen, dienten als Grundlage der Klassifizierung die Wärmebeständigkeit nach Martens und die Biegefestigkeit.

Die ersten fünf Klassen haben den gleichen unteren Grenzwert für die Wärmebeständigkeit, nämlich 150^0; sie unterscheiden sich durch die Biegefestigkeit, und zwar hat Klasse I die höchste, Klasse V die geringste. Die folgenden Klassen VI bis IX sind hauptsächlich durch eine von Klasse zu Klasse sinkende Wärmebeständigkeit charakterisiert. Eine Sonderstellung nimmt Klasse X ein, die kein eigentliches Isoliermaterial, sondern einen Funkenschutz von der Art des Zementasbestes darstellt. Diese heute noch gültige Klassifizierung zeigt die folgende Tabelle 1 und die graphische Darstellung, Abb. 28.

Tabelle 1.

Klasseneinteilung der gummifreien Isolierpreßmassen

Klasse	Wärmebeständigkeit mindestens °C	Biegefestigkeit kg/qcm mindestens
I	150	500
II	150	350, unter 500
III	150	200, „ 350
IV	150	150, „ 200
V	150	„ 150
VI	100, unter 150	350
VII	65, „ 100	250
VIII	45, „ 65	125
IX	„ 45	125
X	Funkensichere Isolierstoffe	

Die von den Isolierstoff-Fabrikanten beschlossene Klassifizierung führte sich schnell auch bei den Verbrauchern ein und wird jetzt allgemein benutzt. Im weiteren Fortschreiten auf dem eingeschlagenen Weg ist eine Änderung vorbereitet, die voraussichtlich in Kürze in Kraft treten wird und darum hier bereits ausführlich besprochen werden soll. Die jetzige Klassifizierung ging, wie aus der graphischen Darstellung Abb. 28 ersichtlich ist, von dem Gedanken aus, daß sämtliche möglichen Kombinationen von Wärmebeständigkeit und Biegefestigkeit lückenlos erfaßt werden sollen. Es hat sich nun in der Praxis herausgestellt, daß dies nicht erforderlich ist, da in der Hauptsache von den verschiedenen Isolierstoff-Fabrikanten die gleichen Typen hergestellt werden. Man

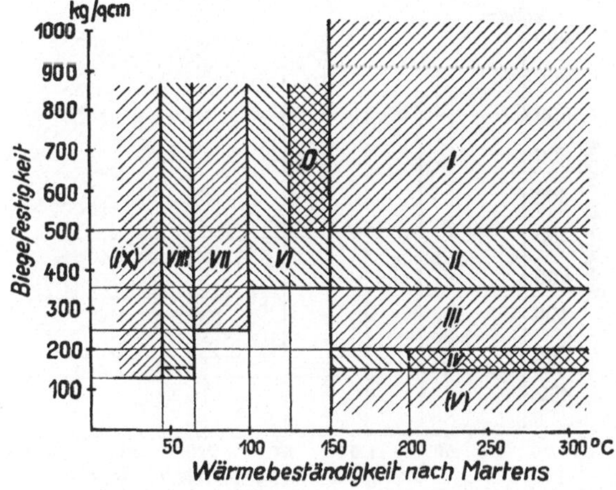

Abb. 28. Klasseneinteilung der gummifreien Isolierpreßmassen.

spricht deshalb nicht mehr von Klassen, sondern von Typen. Der Verzicht auf die lückenlose Darstellung der Klassen gestattet nunmehr, außer der Wärmebeständigkeit und Biegefestigkeit zur besseren Charakterisierung der einzelnen Typen noch weitere Eigenschaften heranzuziehen, nämlich die Schlagbiegefestigkeit und die Glutsicherheit, letztere auf Grund der beabsichtigten Änderung der Prüfvorschriften (siehe S. 43). Um den Übergang von der bisherigen Klassifizierung zur zukünftigen Typisierung möglichst einfach zu gestalten, hat man die Grenzzahlen der Wärmebeständigkeit und Biegefestigkeit beibehalten. Nur bei Type 4 ist die untere Grenze der Wärmebeständigkeit, bei Type 8 die untere Grenze der Biegefestigkeit erhöht; für Type X ist, was bei der bisherigen Klassifizierung nicht der Fall war, eine Mindestbiegefestigkeit vorgeschrieben. Die den Klassen V und IX entsprechenden Typen werden in die neue Einteilung nicht aufgenommen, da, wie sich herausgestellt hat, Preßmassen so minderwertiger Art nicht mehr hergestellt werden. Die wichtigste Änderung ist die Unterteilung der bis-

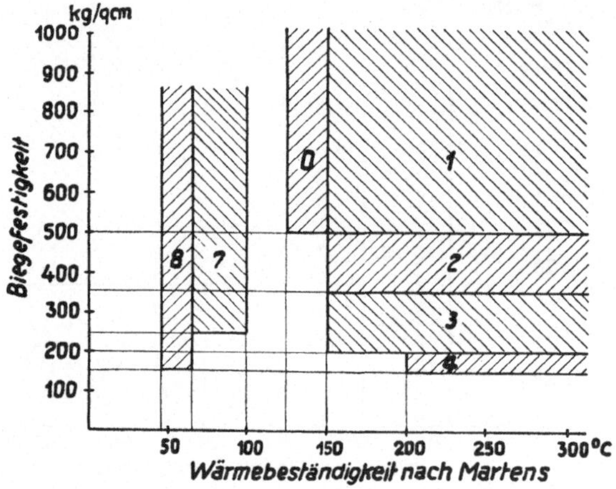

Abb. 29. Typeneinteilung der gummifreien Isolierpreßmassen.

herigen Klasse I in zwei Typen 0 und 1, im wesentlichen unterschieden durch den Grad der Glutsicherheit, wobei die untere Grenze der Wärmebeständigkeit für die Type 0 so festgelegt wird, daß diese praktisch auch die bisher in die Klasse VI eingeordneten Preßmassen umfaßt. Ergänzend wird für alle Typen mit Ausnahme der Type X für den Oberflächenwiderstand nach 24stündigem Liegen im Wasser die Vergleichszahl 3 (10000 bis 100 Megohm) vorgeschrieben. Bei der bisherigen Klassifizierung bestand wohl Übereinstimmung darüber, daß die Preßmassen einen Oberflächenwiderstand der Vergleichszahl 2, das sind zwischen

100 und 1 Megohm aufweisen sollen, doch hatte man von einer ausdrücklichen Vorschrift abgesehen. Um Klarheit zu schaffen, erschien es jetzt richtiger, dies in die Typisierungsbedingungen unter einer — wie die Praxis zeigt — ohne Schwierigkeit erfüllbaren Erhöhung der Anforderungen aufzunehmen. Für die Type X wird eine Prüfung des Oberflächenwiderstandes nicht gefordert.

Im einzelnen ist die demnächst in Kraft tretende Typeneinteilung aus der folgenden Tabelle 2 ersichtlich.

Tabelle 2.

Typeneinteilung der gummifreien Isolierpreßmassen.

Type	Wärmebeständigkeit °C mindestens	Biegefestigkeit kg/qcm mindestens	Schlagebiegefestigkeit cmkg/qcm mindestens	Glutsicherheit Gütegrad	Oberflächenwiderstand nach 24 stündigem Liegen im Wasser Vergleichszahl mindestens
0	125	500	4	II	3
1	150	500	3,5	I	3
2	150	350	2	I	3
3	150	200	1,75	I	3
4	200	150	1,25	I	3
7	65	250	1,5	IV	3
8	45	150	1	II	3
X	150	150	1,5	0	—

Die graphische Darstellung Abb. 29 zeigt deutlich, daß nur ein begrenztes Gebiet aus der bisherigen Klassifizierung von der zukünftigen Einteilung erfaßt wird.

Charakterisiert sind die Typen zwar lediglich durch zahlenmäßige Feststellung ihrer Eigenschaften, indessen stellt tatsächlich jede Type in der Hauptsache die Zusammenfassung von gleichartig zusammengesetzten und in gleicher Weise zu verpressenden Massen dar. Die folgende Übersicht gibt hierüber Klarheit; damit sind zum erstenmal die oft von den Verbrauchern gestellten Fragen vorbehaltlos beantwortet.

Es sei hier betont, daß die neue Typisierung dem heutigen Stande der Technik entspricht. Daß die Entwicklung der Isolierstoffindustrie keineswegs abgeschlossen ist, ist

Tabelle 3.

Zusammensetzung und Verarbeitung der Typen von gummifreien Isolierpreßmassen.

Type	Zusammensetzung	Preßtechnik	Spez. Gew. ca.
0	Kunstharz, Holzmehl oder anderer Zellstoff	Warmpressung	1,4
1	Kunstharz, Asbest	„	2,0
2	Kunstharz, Asbest, mineral. Füllmittel	Kaltpressung	2,1
3	Kunstharz, mineral. Füllmittel	„	2,1
4	Asphalt, Asbest, mineral. Füllmittel	„	2,0
7	Naturharz und Asphalt, Asbest, mineral. Füllmittel	Warmpressung	1,9
8	Asphalt, Asbest, auch Baumwollfaser, mineral. Füllmittel . .	„	2,0
X	Zement oder Wasserglas, Asbest mineral. Füllmittel	Kaltpressung	2,2

sicher, und es ist deshalb zu erwarten, daß in absehbarer Zeit eine weitere Änderung der Typeneinteilung notwendig werden kann.

Die als untere Grenzen für die Wärmebeständigkeit und die Biegefestigkeit festgelegten Zahlen geben die gewährleisteten Mindesteigenschaften der einzelnen Typen an. Um sicherzugehen, pflegen die Isolierstoff-Fabrikanten die Preßmassen tatsächlich wesentlich besser herzustellen, als den garantierten Zahlen entspricht. In Tabelle 4 sind gute Mittelwerte angegeben, wie sie heute durchschnittlich in der Fabrikation erreicht werden.

Die gewährleisteten Zahlen beziehen sich lediglich auf Prüfstäbe, und zwar auf Stäbe, die unmittelbar im Wege des Preßverfahrens, nicht etwa durch Herausarbeiten von irgendwelchen Preßstücken hergestellt sind. Prüfstäbe, die aus geformten Teilen herausgeschnitten werden, können unter Umständen nicht unerheblich abweichende Werte ergeben, da infolge der Schwierigkeit der nachträglichen Bearbeitung die Festigkeit leidet.

Einzelne Isolierstoff-Fabrikanten stellen neben den typi-

Tabelle 4.
Erreichte Mittelwerte der Typen von gummifreien Isolierpreßmassen.

Type	Wärmebeständigkeit nach Martens in °C	Biegefestigkeit kg/ccm
0	130	700
1	240	600
2	280	450
3	230	300
4	300	200
7	75	280
8	55	200

sierten Preßmassen noch Sonderpreßmassen her. Während die typisierten Preßmassen von nahezu allen Isolierstoffwerken verarbeitet werden, sind solche Sonderpreßmassen Erzeugnisse meist eines einzelnen Werkes für bestimmte Verwendungszwecke. Sie fallen mit ihren Eigenschaften mehr oder minder aus dem Rahmen der in der Typeneinteilung festgelegten Grenzen. Sonderpreßmassen sind z. B. die reinen Kopalasbestmischungen, die mit zu den ältesten Preßmassen gehören und von denen eine noch heute viel für Isolierungen von Straßenbahnoberleitungen benutzt wird.

Als Sonderpreßmassen, welche in die Typenzusammenfassung wegen ihrer eigenartigen Eigenschaften nicht einzuordnen sind, sind die Kunststoffe in der Art des Trolit zu nennen, deren Aufbau und Charakter wesentlich gekennzeichnet ist durch die Anwendung von Zelluloseestern, und zwar Nitrozellulose bei Trolit und Azetiylzellulose bei Lonarit. Diese Zelluloseester bilden unter Einbuße ihres Faserstoffcharakters strukturlose Massen, die in der Wärme leicht plastisch sind und nach dem Erkalten erstarren, jedoch durch Wiedererwärmen ihren formbaren Zustand wiedererlangen. Durch diese Eigenschaft ist der Wärmebeständigkeit von Zellulosepreßstoffen zwar eine natürliche Grenze gesetzt, sie gestattet aber, Abfälle und Ausschußstücke wieder zu verarbeiten oder durch Zugabe von Plastifizierungsmitteln aufzufrischen.

Die beiden Hauptvertreter der verschiedenen Trolitsorten, Trolit A und B, haben eine Biegefestigkeit von ca. 500 kg/qcm bei einer Wärmebeständigkeit von ca. 40 °C nach Martens. Das spezifische Gewicht beträgt 1,7 bzw. 1,4. Die dielektrischen Verluste sind gering. tg δ ist kleiner als 0,1.

Trolit hat als Isoliermaterial in der Schwachstromtechnik weitere Verbreitung gefunden, sowohl in Gestalt von Preßteilen, als auch in Form von Platten, Stäben und Rohren. Trolit B wird hauptsächlich als sogenanntes Spritzpulver zur Herstellung von Formstücken nach dem Spritzverfahren geliefert.

Die Notwendigkeit, auch für die in der Schwachstromtechnik verwendeten Isolierstoffe eine Klasseneinteilung vorzunehmen, ergab sich für das Telegraphentechnische Reichsamt durch die ständige Vermehrung der Zahl der Isolierstoffe. Die so entstandene Unübersichtlichkeit ließ die bisherige Praxis, in den Werkzeichnungen und Stücklisten die zugelassenen Isolierstoffe namentlich aufzuführen, als unzweckmäßig erscheinen. Es wurde daher, zunächst versuchsweise, vom TRA[1]) eine Klasseneinteilung für die im Fernsprechapparatebau Verwendung findenden Isolierstoffe vorgenommen, die unter Zugrundelegung der früher (S. 44) erwähnten Prüfvorschriften des TRA Biegefestigkeit, Wärmebeständigkeit, Gleichstromisolationswiderstand und dielektrischen Verlustwinkel berücksichtigt.

Die Klasseneinteilung enthält 14 Klassen, es ist jedoch zu erwarten, daß die Zahl der Klassen nach einer gewissen Übergangszeit verkleinert wird.

Die Klasseneinteilung gilt nicht nur für gummifreie, sondern für sämtliche im Fernsprechbau verwendeten Isolierstoffe. Daher war es nötig, Klassen mit so niedrigem Gleichstromisolationswiderstand wie die Klassen E bis O in die Einteilung aufzunehmen.

---

[1]) TRA-Normblatt E 4132.

Tabelle 5.

Klasseneinteilung des Telegraphentechnischen Reichsamtes für Isolierstoffe.

Klasse	Biegefestigkeit mindestens kg/qcm	Wärmebeständigkeit mindestens °C	Gleichstrom-Isolationswiderstand mindestens Megohm	Dielektrische Verluste tg δ kleiner als
A	350	100	5000	0,1
B	350	45	5000	0,1
C	150	100	5000	0,1
D	150	45	5000	0,1
E	350	100	200	0,25
F	350	45	200	0,25
G	150	100	200	0,25
H	150	45	200	0,25
J	350	100	10	—
K	350	45	10	—
L	150	100	10	—
M	150	45	10	—
N	150	—	200	0,25
O	150	—	10	—

Wenn auch wegen der Kürze der Zeit erst wenige Preßstoffe vom Telegraphentechnischen Reichsamt in die Klassen eingereiht sind, so läßt sich auf Grund der in den Fabriklaboratorien gewonnenen Zahlen sagen, daß zwischen den Typen für Starkstrom und den Klassen für Schwachstrom folgender Zusammenhang besteht.

Tabelle 6.

Gegenüberstellung der Typen für Starkstrom und der Klassen des Telegraphentechnischen Reichsamtes.

Type 0 entspricht Klasse A
„ 1 „ „ E
„ 2 „ „ E
„ 3 „ „ G
„ 4 „ „ G
„ 7 „ „ D

Anscheinend weisen die Preßmassen, die keinen Asbest enthalten, den geringsten tg δ auf, sind also vom Standpunkt der Fernsprechtechnik am hochwertigsten, während sie für Starkstromzwecke vielfach ihrer geringen Glutsicherheit wegen nur begrenzt brauchbar erscheinen.

5. Überwachung.

Um eine Gewähr dafür zu schaffen, daß bei Lieferungen die Mindestwerte, die durch die Klasseneinteilung bzw. durch die Typen festgelegt waren, auch richtig eingehalten werden, war es notwendig, in irgendeiner Form zu einer Überwachung zu gelangen. Die Fabrikanten gummifreier Isolierpreßstoffe übten eine Art Selbstpolizei aus. Sie bildeten die Technische Vereinigung von Fabrikanten gummifreier Isolierstoffe E. V., die mit dem staatlichen Materialprüfungsamt einen Vertrag schloß zwecks Überwachung der Fabrikation. Der Technischen Vereinigung können alle Firmen beitreten, die Isolierpreßstoffe fabrikmäßig herstellen. Der Vertrag, der als Teil der Satzungen dieser Vereinigung im Jahre 1924 geschlossen wurde, enthält im wesentlichen folgendes: Die klassifizierten Isolierpreßmassen, die jeweils in der Elektrotechnischen Zeitschrift veröffentlicht werden, unterliegen einer laufenden Prüfung durch das Amt. Von jeder klassifizierten Preßmasse fordert das Amt mehrmals im Jahre Probestäbe ein, die auf die in der Klassifizierung angeführten Eigenschaften geprüft werden. Das Amt ist berechtigt, jederzeit ohne vorherige Benachrichtigung einen Vertreter in die Betriebe der Mitglieder zu entsenden und zu verlangen, daß in dessen Gegenwart die Herstellung von Probestäben vorgenommen wird. Soweit es sich um Preßmassen handelt, die einer Nachbehandlung bedürfen, werden die Stäbe vor der Nachbehandlung durch den Vertreter des Amtes so gekennzeichnet, daß Verwechslungen nicht möglich sind. Die Fabrikanten sind verpflichtet, ihre eigenen Untersuchungsprotokolle dem Amt jederzeit zu zeigen.

Für die Vereinigung ist eine vom Amt genehmigte Schutzmarke als Warenzeichen eingetragen. Es ist dies das nebenstehende Überwachungszeichen, Abb. 30. Die obere Zahl ist die Fabrikanten-Nummer, die vom Amt zugeteilt wird, an Stelle des Kreuzes tritt die Klasse bzw. Type des Preßmaterials, auf dem das Überwachungszeichen steht. Die Benutzung dieses Überwachungszeichens ist lediglich bei solchen Fabrikaten zulässig, die aus einer unter der Kontrolle des Amtes stehenden Preßmasse hergestellt werden[1]).

Abb. 30. Überwachungszeichen.
Eingetragenes Warenzeichen.

Ergibt sich bei der Kontrolle durch das Amt, daß die Probestäbe niedrigere Werte aufweisen, als der Klasse entsprechen, in die die Preßmasse eingereiht ist, so ist das Amt berechtigt, sofort einen Vertreter unangemeldet in die Fabrik zu senden, in dessen Gegenwart nochmals Stäbe herzustellen sind. Genügen auch diese nicht den Anforderungen, so ist das Amt berechtigt, die Streichung der beanstandeten Preßmasse in der ETZ bekanntzugeben. Das Amt ist ferner berechtigt, im Handel befindliche Preßteile, die mit dem Überwachungszeichen versehen sind, zu prüfen und falls eine unzutreffende Klassenbezeichnung verwendet wird, einzuschreiten.

Ihre besondere Bedeutung erlangt hat die Überwachung dadurch, daß auf Antrag der Isolierstoffabrikanten der VDE sich 1924 entschlossen hat, in die Vorschriften für Konstruktion und Prüfung von Installationsmaterial[2]) folgende Bestimmungen § 3, l, m, n aufzunehmen:

---

[1]) Die Bedeutung des Überwachungszeichens für Isolierpreßmaterial von Dr. phil. Hans Schiff, ETZ 1925, Heft 42, S. 1585.

[2]) VDE-Sonderdruck 336.

l) Nicht keramische, gummifreie Isolierpreßstoffteile müssen, soweit Raum für die Anbringung vorhanden ist, ein Ursprungszeichen tragen, das den Hersteller des Isolierstoffes erkennen läßt.

m) Nicht keramische, gummifreie Isolierpreßstoffteile müssen, soweit Raum für die Anbringung vorhanden ist, eine Angabe besitzen, die die Klassenbezeichnung gemäß der Klasseneinteilung der Isolierstoffe, ETZ 1923, S. 720, erkennen läßt.

n) Nicht keramische, gummifreie Isolierpreßstoffteile müssen, soweit Raum für die Anbringung vorhanden ist, mit einer bei dem staatlichen Materialprüfungsamt in Berlin-Dahlem eingetragenen Schutzmarke versehen sein, die dafür Gewähr leistet, daß sich der Hersteller des Isolierstoffes durch einen Vertrag der laufenden Überwachung des staatlichen Materialprüfungsamtes unterworfen hat.

Nunmehr ist die Erteilung des VDE-Prüfzeichens für Installationsmaterial von der Anbringung des Überwachungszeichens auf den Isolierteilen abhängig; nur für den Fall der technischen Unmöglichkeit wird eine Ausnahme gemacht. Somit ist für jeden Isolierstoffabrikanten, der für Installationsmaterial Isolierteile anfertigt, und dies sind nahezu alle, die Notwendigkeit gegeben, sich der Überwachung durch das staatliche Materialprüfungsamt zu unterwerfen. Übrigens führen die meisten Isolierstoffabrikanten das Überwachungszeichen auch da, wo es vom VDE noch nicht vorgeschrieben ist.

Die Überwachung hat sich in der kurzen Zeit ihres Bestehens außerordentlich bewährt. Manche Preßwerke, namentlich kleinere, sind durch die Überwachung überhaupt erst dazu gekommen, ihre Preßstoffe zu prüfen und sich so u. U. von deren Minderwertigkeit zu überzeugen. Auf diese Weise hat die Überwachung bewirkt, daß schlechte Preßstoffe, die zu geringe Wärmebeständigkeit und Festigkeit besaßen, vom Markt fast verschwunden sind. Kennzeichnend ist, daß Preßstoffe der Klassen 5 und 9 von den Firmen der technischen Vereinigung überhaupt nicht mehr zur Prüfung eingereicht wurden. Die Überwachung hat ferner allen Fabrikanten die Anregung gegeben, ihre Preßmassen ständig zu verbessern. Für die Verbraucher ist das Überwachungszeichen eine sichere Gewähr für die Gleichmäßigkeit und Güte der gelieferten Preßmassen in dem durch die Klasseneinteilung bzw. durch die Typisierung gegebenen Grenzen.

Die letzte Veröffentlichung des Amtes[1]) enthält 125 Preßstoffe, die in Klassen eingeteilt sind und die von 32 Firmen hergestellt werden. Einzelne Firmen stellen bis zu 11 Sorten her, hierzu kommen dann noch die sogenannten Sonderpreßmassen, die nicht klassifiziert sind. Da jede Fabrik ihre Produkte mit einem Phantasienamen unter Beifügung von Zahlen oder Buchstaben oder von beiden gekennzeichnet hat, so ergibt sich immer noch eine unübersichtliche Fülle, und es kann von keinem Konstrukteur verlangt werden, daß er sich diese Unzahl von Preßmassen gegenwärtig hält. Eine Reihe von Fabrikanten hat sich bereits entschlossen, von der bisherigen Art der Benennung von Preßmassen abzugehen. Der bisherige Name, wie z. B. Ambroin, Eshalit, Heliosit, Ricolit, Tenacit usw., erhält dann die Bedeutung einer Herkunftsbezeichnung. Der einzelne Stoff wird durch Nennung der Typennummer charakterisiert. Es steht dann also Ricolit Type 2 neben Tenacit Type 2 und Eshalit Type 2 usw. Es wäre zu wünschen, daß die Hersteller auch noch die Sondernamen fallen ließen und sich auf e i n e n Namen für die Kennzeichnung des Materials als gummifreien Isolierpreßstoff einigten.

---

[1]) ETZ 1927, Heft 27, S. 984.

6. Technische Gesichtspunkte bei der Konstruktion und Bestellung von Isolierpreßstoffen.

Enge Zusammenarbeit zwischen Hersteller und Verbraucher, besonders aber zwischen Hersteller und Konstrukteur ist eine notwendige Voraussetzung, um zufriedenstellenden Ausfall von Isolierpreßteilen bei möglichst niedrigen Gestehungskosten zu erreichen. Eine persönliche Aussprache zwischen den Beteiligten an Hand der Zeichnungen oder Modelle, die den ganzen Apparat oder die ganze Maschine darstellen, soweit sie für die Beanspruchung des Isolierteiles von Wichtigkeit sind, trägt wesentlich zur Förderung bei, um dem Hersteller die richtige Auswahl der Materialtype und die konstruktive Ausgestaltung des Preßstückes klarzumachen. Wenn man den bisweilen auftretenden Klagen über unzureichende Eigenschaften von Isolierpreßteilen nachgeht, so findet man häufig, daß der Besteller selbst Schuld an dem Versagen der Teile hat. Er hat z. B. bei der Anfrage weder Angaben über die Beanspruchung, noch über den Verwendungszweck gemacht, wohl aber eine bestimmte Isolierstoffklasse vorgeschrieben, so daß der Fabrikant annehmen mußte, dieses Material sei für den vorliegenden Zweck bereits genügend ausprobiert. Es sei hier die schon oft ausgesprochene Bitte wiederholt, daß der Konstrukteur einen vertrauenswürdigen Fabrikanten von Isolierpreßstoffen bei Neukonstruktionen dann zuzieht, b e v o r die Konstruktion endgültig festgelegt wird. Oft ist es möglich durch verhältnismäßig geringfügige Änderungen, die rechtzeitig vorgenommen werden, das Preßstück nicht unerheblich zu verbilligen und zu verbessern.

Häufig antwortet der Verbraucher dem Hersteller, wenn er auf Schwierigkeiten aufmerksam gemacht wird: Aber ein anderes Preßwerk will o h n e Einwendungen unsere Konstruktion ausführen. Leider ist dies auch zutreffend. Wenn aber heute manche Preßwerke ohne genügenden wirtschaftlichen Erfolg arbeiten, so liegt hier einer der Gründe: Die Summe der vorher nicht richtig in Rechnung gestellten Mehrkosten, die durch solche dem Preßverfahren nicht entsprechende Konstruktionen entstehen, sollte nicht unterschätzt werden. Im folgenden sind aus einer langjährigen Erfahrung heraus Richtlinien zusammengestellt, die bei jeder Konstruktion berücksichtigt werden müssen.

Toleranzen.

Die Warmpreßstoffe der Typen 7 und 8, die bereits fest aus dem Preßwerkzeug kommen und keiner Wärmenachbehandlung bedürfen, ergeben besser maßhaltige Teile als die Kaltpreßstoffe der Typen 2, 3 und 4. Dagegen schwinden die Warmpreßstoffe 0 und 1 infolge der Wärmenachbehandlung ziemlich erheblich. Am größten ist die Schwindung naturgemäß bei Type 10, wo ähnlich wie bei keramischen Maßen Abbinden von Zement und Lufttrocknung angewendet wird.

Allgemein kann man sagen, Kaltpressungen Type 2, 3 und 4 schwinden zirka 1 %, Warmpressungen Type 0 und 1 unter 1 %, Warmpressungen Type 7 und 8 0,3 %. Zum Vergleich seien hier die Schwindungen für Steatit und Porzellan angegeben:

Steatit 9—10%
Porzellan 16—17 %.

Bei Porzellan lassen sich allerdings durch besondere Maßnahmen diese Schwindungen etwas verkleinern.

Infolge dieser Schwindungen und unter Berücksichtigung der Abnutzung der Preßwerkzeuge gelten im allgemeinen mindestens folgende Maßtoleranzen:

für Kaltpressungen $\pm$ 0,8%
„ Warmpressungen $\pm$ 0,3%.

Ist es notwendig, in besonderen Fällen zu kleineren Toleranzen zu gelangen, so bedarf dies besonderer Maßnahmen.

Die in der Preßrichtung liegenden Maße, Abb. 31, sind deshalb größeren Schwankungen unterworfen, weil die Preßhöhe von der Menge der eingefüllten Preßmasse abhängig ist. Wird also die Preßmasse nicht genau genug abgeteilt, so werden, sofern nicht mit Abquetschformen gearbeitet wird, die Preßstücke zu hoch oder zu niedrig. Als Toleranzen in der Preßrichtung sind folgende Werte zu betrachten:

für Kaltpressungen	bis 30 mm	Höhe	± 0,5 mm
	über 30 „	„	„ 0,8 „
„ Warmpressungen	bis 30 „	„	„ 0,2 „
	über 30 „	„	„ 0,4 „

Rücksicht auf das Preßstück.

Bei der Konstruktion von Preßteilen sind etwa dieselben Rücksichten zu nehmen, wie bei der von Gußteilen; es sind also große Querschnittsunterschiede und scharfe Übergänge zu vermeiden, und es ist für gute Abrundung zu sorgen, um Rißbildung und Spannungen beim Abkühlen namentlich der Kaltpreßstoffe zu vermeiden. Ferner ist auf konische Wände zu achten, die ein leichtes Abheben der Stempel ermöglichen, so daß die Fabrikation beschleunigt werden kann. Im einzelnen sei noch auf folgende Punkte aufmerksam gemacht. Die Festigkeit von Preßteilen durch Metalleinlagen erhöhen zu wollen, ist ein Irrweg. Z. B. wird durch eingepreßte Eisenschienen nicht nur der Querschnitt des Preßkörpers unnötig geschwächt, es findet auch leicht durch derartige Einlagen ein Krummziehen oder Rißbildung statt, Abb. 32 und 33.

Schroffe Querschnittsveränderungen sind zu vermeiden, da an den Übergangsstellen die Festigkeit leidet und Rißbildung auftreten kann. Auch findet an solchen Stellen leicht ein Einsinken der Flächen statt, Abb. 34 und 35. Richtig ist das Anbringen von kräftigen Verrundungen und das Einhalten einer Wandstärke, die je nach dem verwendeten Material nicht kleiner als 3—4 mm sein sollte.

Rändel sind zwar preßbar, sollten jedoch möglichst grobzahnig sein, Abb. 36 und 37, die Teilung 2—4 mm, jedenfalls nicht unter 1,5 mm. Kordel und Kreuzrändel machen bei der Presserei besondere Arbeit, sollten daher vermieden werden.

Abb. 31. Preßhöhe.

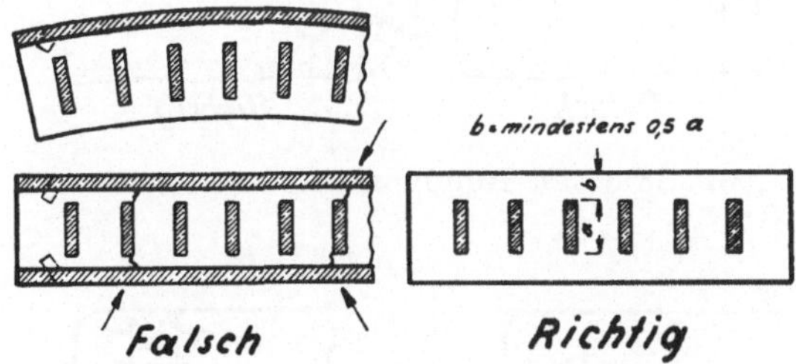

Abb. 32 u. 33. Anordnung von Metalleinlagen[1]).

Abb. 34 u. 35. Querschnittsübergänge und Verrundungen.

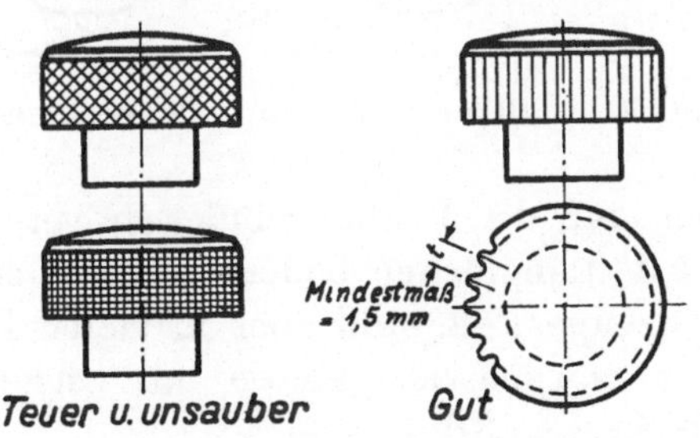

Abb. 36 u. 37. Rändelung.

[1]) Abbildungen 32 bis 93 von den Siemens-Schuckertwerken A.-G.

Löcher und Schlitze, ebenso auch Metallteile dürfen nicht zu nahe an der Außenkante angebracht werden. Die Wandstärke sollte $1/3$—$1/4$ H betragen, Abb. 38 und 39.

Bei Löchern mit einem Mittenabstand von mehr als 100 mm ist den Maßabweichungen durch Schwindung dadurch Rech-

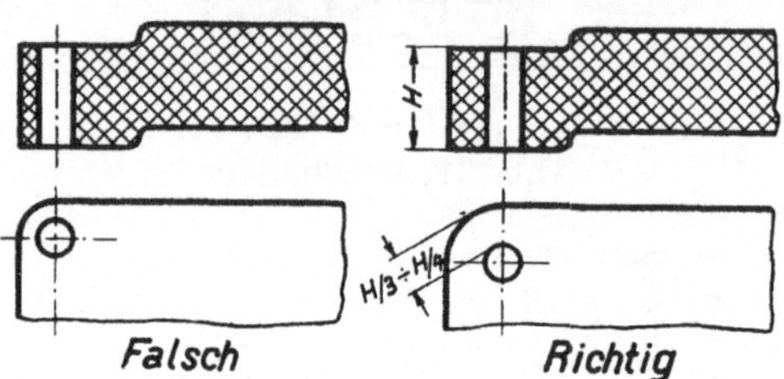

Abb. 38 u. 39. Randabstand von Löchern.

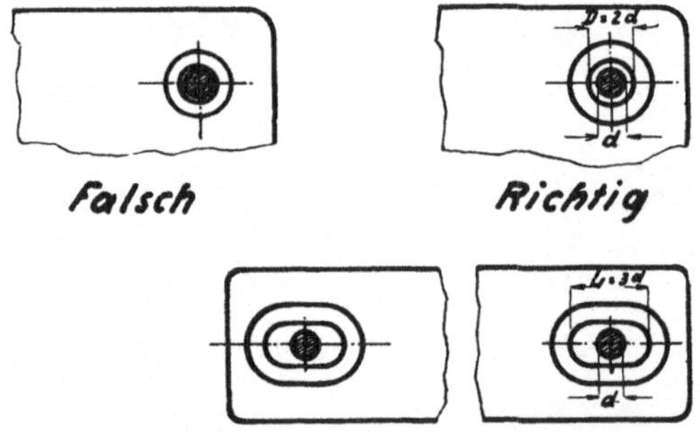

Abb. 40 bis 42. Bemessung von Lochdurchmessern.

nung zu tragen, daß der Lochdurchmesser vergrößert wird, Abb. 41, D = 2 d. Langlöcher bedeuten zwar eine Verteuerung des Werkzeuges, sie sind aber in vielen Fällen vorzuziehen, um Montageschwierigkeiten mit Sicherheit auszuschließen, Abb. 42, L = 3 d.

Ein geringes Verziehen größerer Teile, die aus Kaltpreßmischung hergestellt werden, ist beim Brennen nicht immer zu vermeiden. Warmpressungen verhalten sich in dieser Beziehung günstiger.

Bei größeren Teilen mit 4 Auflageflächen muß die Unterfläche glatt geschliffen werden. Eine Auflage an drei Punkten ist vorzuziehen, weil dadurch die Nacharbeit unnötig wird, Abb. 43, 44 und 45.

Ausgesparte Platten erhalten zweckmäßig zwischen der Unterkante der Rippen und der Auflage am Rand einen

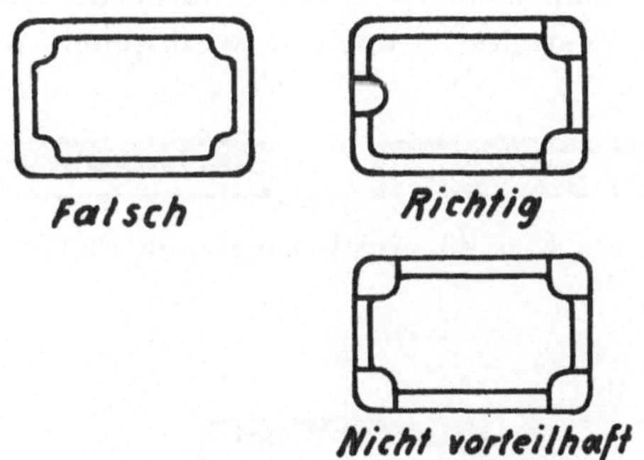

Abb. 43 bis 45. Ausbildung der Auflageflächen.

Abb. 46 u. 47. Rippen an der Auflagefläche

Abstand von 0,5—1,5 mm, damit für das Nachschleifen Spiel vorhanden ist, Abb. 46 und 47.

Gewinde aus Preßmasse, die so liegen, daß die ganze Masse beim Einströmen in die Form an den Gewindegängen vorbeistreicht, neigen leicht zum Abschiefern, erfordern also besondere Sorgfalt bei Fabrikation und Kontrolle. Das gleiche gilt für scharfe Absätze. Infolgedessen sollten Gewinde mit möglichst großen Verrundungen am Grund etwa in der Art des Edisongewindes ausgeführt werden.

Der Preßtechniker preßt lieber eine Platte mit einer Aussparung auf der Rückseite, als eine glatte Platte. Er sagt, das Material schiebt besser und meint damit, daß bei der ausgesparten Platte infolge des Eintauchens des Oberstempels, Abb. 48 und 49, die Preßmasse in der Form nochmals durchgearbeitet wird. Daher sind soweit möglich Aussparungen anzubringen, auch schon mit Rücksicht darauf, um Körper möglichst gleicher Wandstärke auszubilden.

Bei den Preßmassen der Type 0 kann man deren höherer mechanischer Festigkeit wegen so weit gehen, daß z. B. Kap-

Abb. 48 u. 49. Aussparungen an Platten.

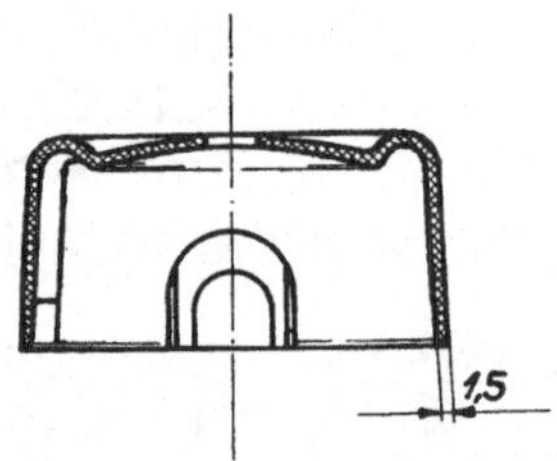

Abb. 50. Kappe mit dünner Wandung aus Preßmaterial der Type 0

pen und Abdeckungen als eine dünne Haut von 1,5—2 mm Wandstärke ausgeführt werden, Abb. 50. Diese Stücke lassen sich dann deshalb schneller pressen, weil die Wärmenachwirkung für die Kondensation des Kunstharzes sich infolge der geringen Masse sehr schnell vollzieht, außerdem erbringt die Materialersparnis auch eine erhebliche Preisersparnis.

Die Beschriftung wird zweckmäßig erhaben, jedoch in einer Vertiefung liegend, ausgeführt, Abb. 51, so daß sie bei etwaigem Nachschleifen der Oberfläche nicht angegriffen wird.

Rücksicht auf das Preßwerkzeug.

Steilflächen sollten nicht rechtwinklig stehen, sondern sind nach Möglichkeit zu neigen, Abb. 52 und 53. Die Außenfläche läßt sich allerdings, wenn es notwendig ist, rechtwinklig stellen. Die Verrundungen an Kanten von Sockeln und plattenförmigen Körpern ist möglichst nach Abb. 55 auszuführen. Die Einschaltung einer Stufe ist deshalb empfehlenswert, weil sonst das Werkzeug bei Ausführung einer glatten Ver-

Abb. 51. Erhabene Schrift in einer Vertiefung.

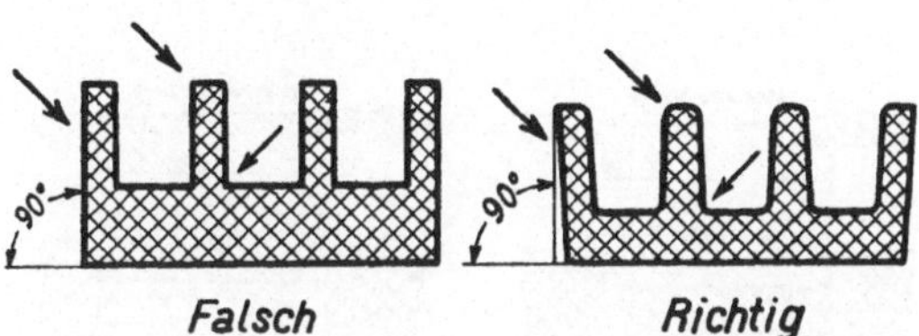

Abb. 52 u. 53. Ausbildung von Steilflächen.

rundung eine scharfe Spitze (Messerkante) erhalten müßte, die nicht lange standhält und die, wenn sie ausgebröckelt ist, unansehnliche Preßstücke ergibt, Abb. 54. In Ausnahmefällen wie bei Abb. 56 kann die Verrundung auch ausgeführt werden.

Die Führungsnuten für später einzulegende Metallteile sind weiter zu halten als die Breite der Metallteile, da die Werkzeugkanten, Abb. 57, sich schnell abnutzen. Ist A das

Höchstmaß des Metalles, so ist eine Zugabe von mindestens 0,5 mm zu machen, Abb. 58.

Teile, die unterschnitten sind, lassen sich entweder gar nicht oder nur schwer pressen. Sie bedeuten immer eine Ver-

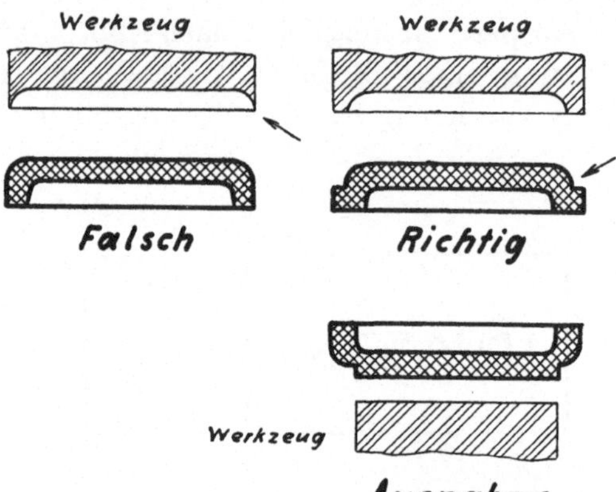

Abb. 54 bis 56. Ausführung von Abrundungen.

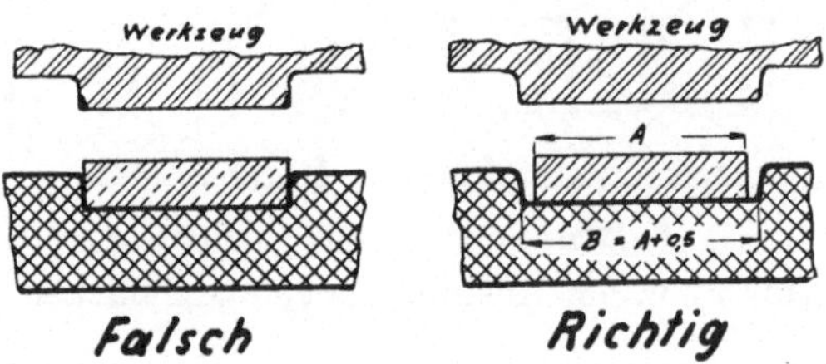

Abb. 57 u. 58. Aussparung für nachträglich einzulegende Metallteile.

teuerung des Werkzeuges, da sie das glatte Herausnehmen des Preßstückes erschweren. Sie sollten deshalb immer vermieden werden, Abb. 59.

Löcher unter 3 m Durchmesser bzw. unter 5 mm Durchmesser bei mehr als 10 mm Tiefe lassen sich wenigstens bei den kaltgepreßten Typen 2, 3 und 4 schlecht ausführen, weil die verhältnismäßig dünnen Nadeln leicht durch die Preßmasse aus ihrer richtigen Stellung verdrängt und verbogen werden. Bei den Typen 0 und 1 ist es vorteilhafter, solche Löcher zu bohren.

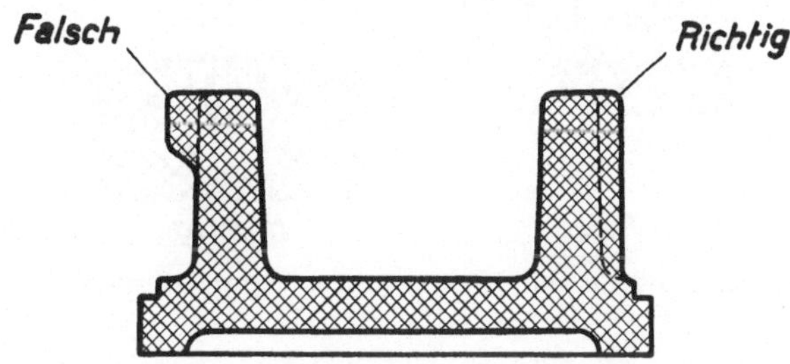

Abb. 59. Sockel mit Unterschneidung.

Einpreßteile.

Einpreßteile sollten nicht zu dicht unter der Oberfläche liegen, da sie sich sonst leicht markieren, Abb. 60. Besonders bei den Flächen, die am Apparat sichtbar sind und die Hochglanz haben sollen, ist Vorsicht anzuwenden. Die Materialstärke über dem Metall, Abb. 61, soll mindestens 4 mm betragen.

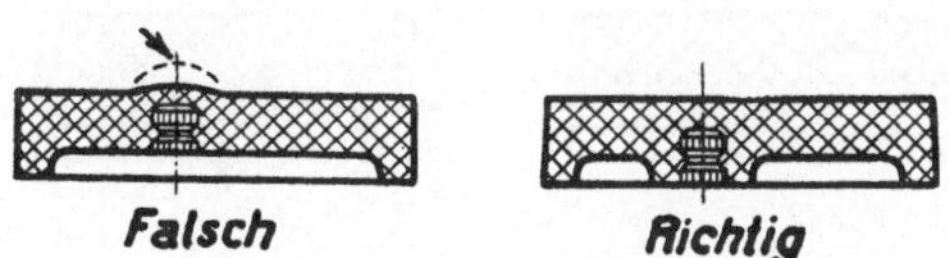

Abb. 60 u. 61. Abstand der Einpreßteile von der Oberfläche.

Vergrößerte Sacklöcher hinter den Gewinden von eingepreßten Metallteilen herzustellen ist unmöglich. Wie sollten denn die Formstifte aus dem Preßstück entfernt werden? Abb. 62, 63 und 64. Die Größe der Metallteile muß in einem richtigen Verhältnis zu den Abmessungen des Preßstückes stehen. Die Metallteile dürfen nicht zu groß sein, da sonst bei einseitiger Lage sich die Preßstücke verziehen, Abb. 65 und 66, a:b mindestens wie 1:3.

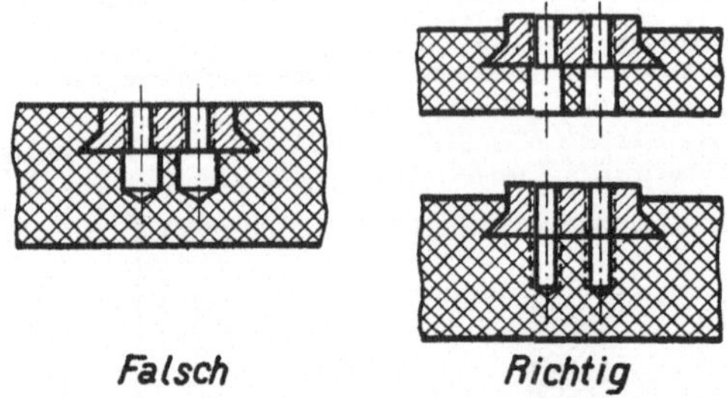

Abb. 62 bis 64. Löcher unter Einpreßteilen.

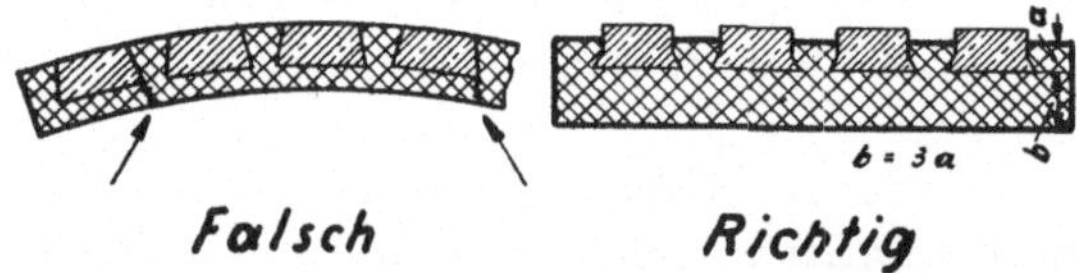

Abb. 65 u. 66. Bemessung von Einpreßteilen.

Seitlich einzupressende Metallteile sollten möglichst vermieden werden. Wenn sie aber doch gebraucht werden, so müssen sie in der Form durch einen Stift gestützt werden,

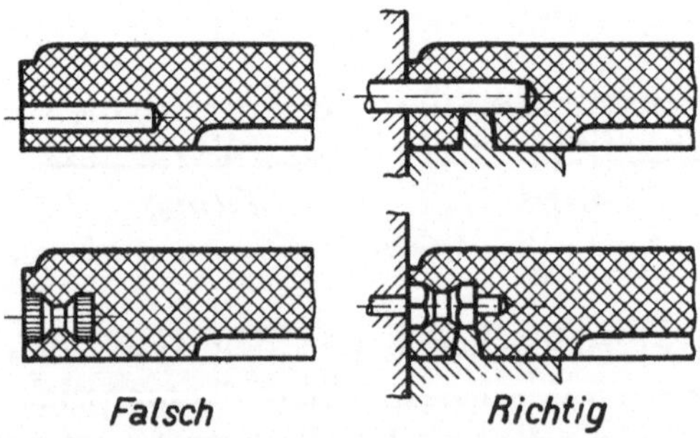

Abb. 67 bis 70. Seitlich angeordnete Einpreßteile u. Löcher.

Abb. 69 und 70. Durch den Stützstift entsteht eine Aussparung. Das gleiche gilt für seitliche Löcher, Abb. 67 und

68. Metallstreifen, die eingepreßt werden, sind nicht bündig zur Oberfläche der Preßmasse zu legen, da das Metall ja dann keinen Halt im Werkzeug findet. Man sollte vielmehr die Metallteile 1 mm aus der Preßmasse herausstehen lassen, Abb. 71 und 72.

Wenn eine Rippe neben einem eingepreßten Metallteil, das aus der Preßmasse herausragt, angebracht werden muß, so

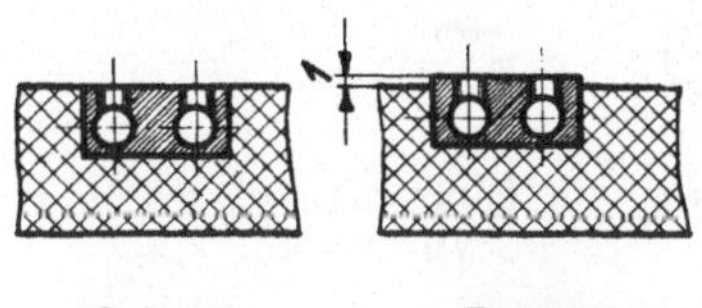

Abb. 71 u. 72. Lage von Einpreßteilen an der Oberfläche.

ist dafür zu sorgen, daß der Abstand a, Abb. 74, zwischen Metall und Fuß der Rippe mindestens 1,5 mm beträgt, sonst entsteht in der Form eine scharfe Kante, die bald weggedrückt wird, oder die Metallteile werden durch die dünnen

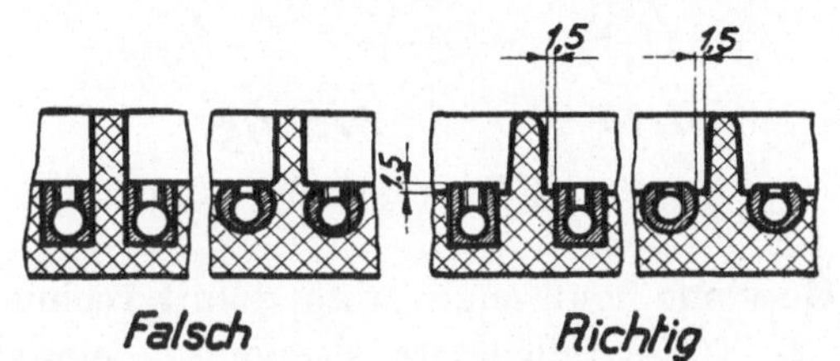

Abb. 73 u. 74. Einpreßteile am Fuß einer Rippe.

Stifte in den Gewindelöchern nur ungenügend gehalten, Abb. 73.

Die Sicherung von Einpreßteilen gegen Verdrehen und Herausziehen kann auf die aus der Abb. 75 hervorgehende Art vorgesehen werden. Freistehende Enden von Sechskant- oder Vierkant-Einpreßmuttern sind zylindrisch abzudrehen, Abb. 76, 77 und 78; sie lassen sich so besser entgraten und auch besser in der Form festhalten.

Alle Einpreßteile haben auch senkrecht zur Preßrichtung Kräfte aufzunehmen. Damit ihre gerade Lage gewährleistet

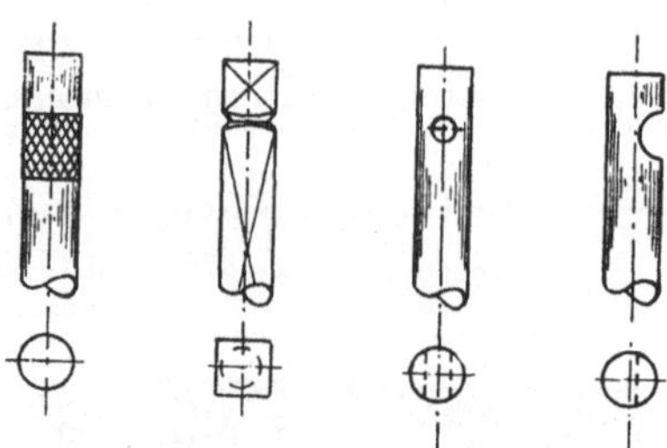

Abb. 75. Sicherung von Einpreßteilen gegen Herausziehen und Verdrehen.

ist, sollte ihre Höhe H nicht über 2,5 D betragen. Die Kanten sind am besten abzuschrägen, Abb. 79, a und b. Bei durch-

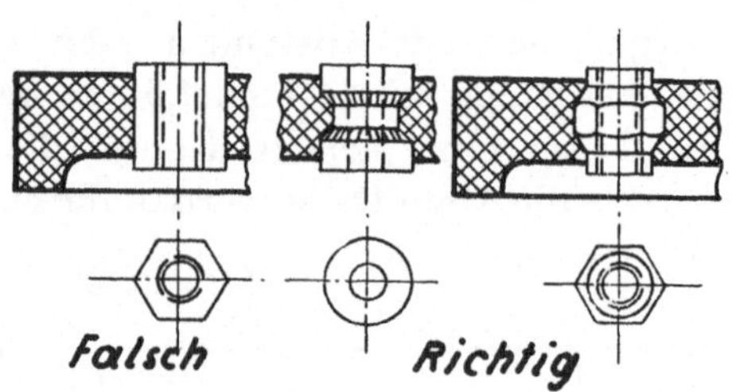

Abb. 76 bis 78. Einpreßmuttern.

gehendem Gewinde muß man stets damit rechnen, daß in die oberen 2—3 Gewindegänge Preßmasse eindringt. Dies

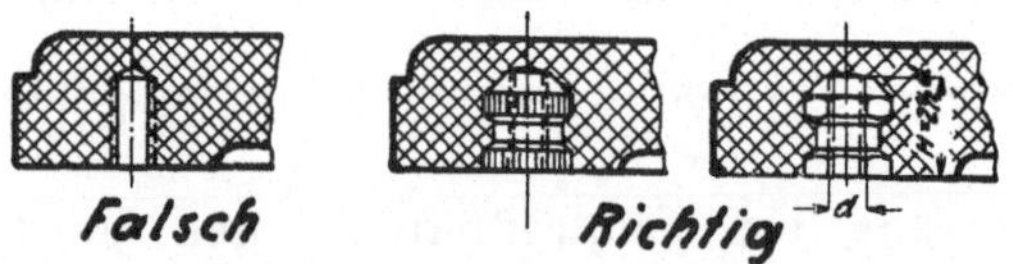

Abb. 79 a u. b. Einpreßmuttern.

läßt sich nur dann vermeiden, wenn der Gewindekern im Durchmesser genau nach Kaliber ausgeführt wird. Die Toleranzen müssen dann kleiner als — 0,1 mm sein. Einpreßmuttern, die allseitig in die Preßmasse eingebettet werden, werden zweckmäßig nach Abb. 80 und 81 ausgeführt, damit sie eine Auflage in der Preßform haben.

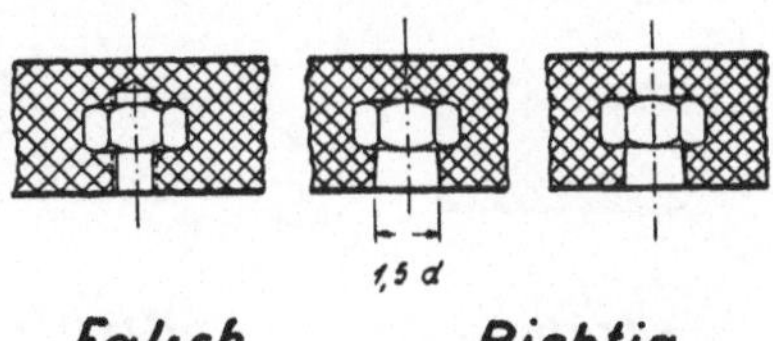

Abb. 80, 80a u. 81. Allseitig umpreßte Muttern.

Bei Stiften, Rohren und Stanzteilen kann die Sicherung gegen Drehung und Herausziehen auch auf die in Abb. 83 er-

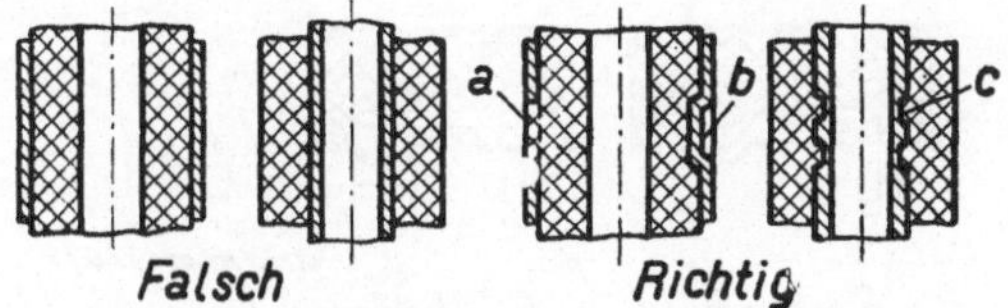

Abb. 82 u. 83. Sicherung von Rohren gegen Herausziehen und Verdrehen.

sichtliche Art erfolgen. Die Wandstärke, die bei c stehenbleibt, sollte mindestens 1 mm betragen. Einfräsungen soll-

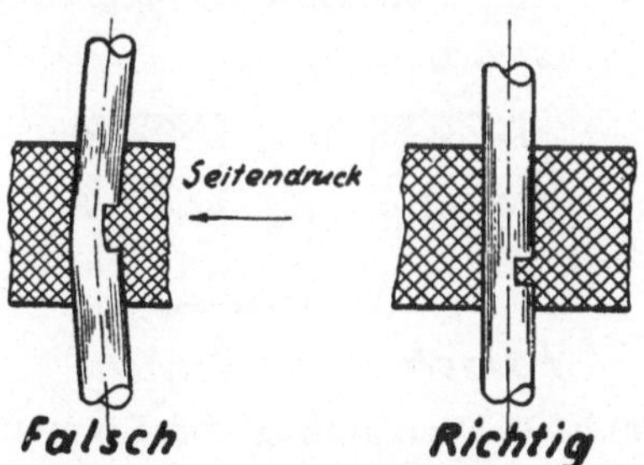

Abb. 84 u. 85. Lage der Einfräsungen an dünnen Stiften.

ten nicht in die Mitte des Einpreßteiles gelegt werden, sondern an eine Seite, um das Widerstandsmoment nicht unnötig zu verringern, Abb. 84 und 85.

Dünne Metallstreifen (Federn) müssen in dem Werkzeug durch besondere Haltestege gestützt werden. Diese Stege ergeben dann im Preßstück Aussparungen, Abb. 86 und 87.

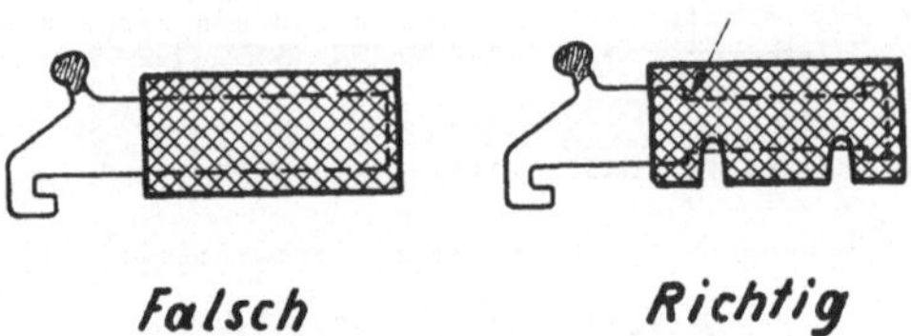

Abb. 86 u. 87. Einpressen von dünnen Metallstreifen.

Gebogene Stanzteile fallen ungleichmäßiger aus als Drehteile, Abb. 88 und 89. Drehteile sind deshalb zu bevorzugen.

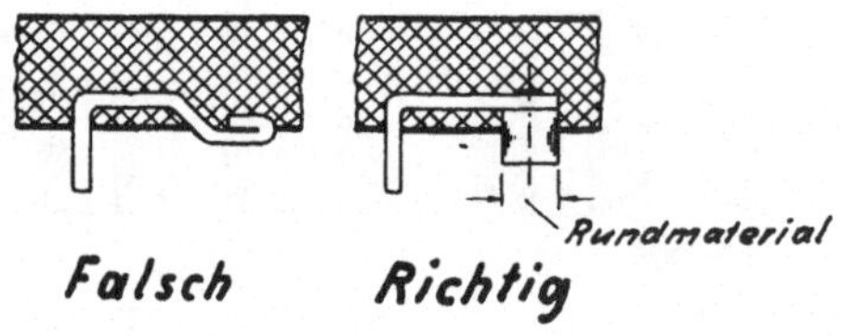

Abb. 88 u. 89. Einpressen von Stanzteilen.

Bei herausstehenden Metallteilen muß der Zinnüberzug mindestens 3 mm von dem Eintritt des Metallteils in das

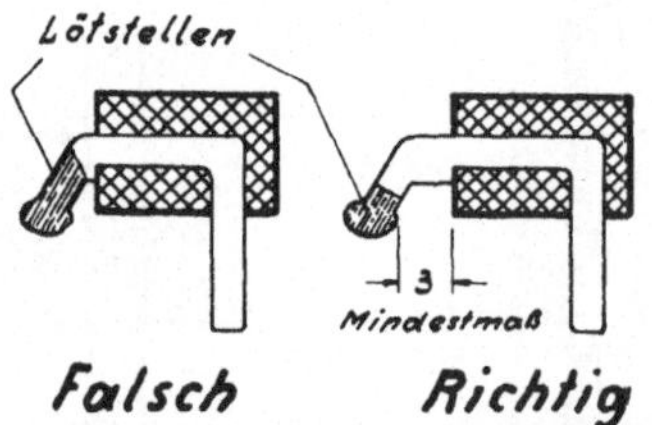

Abb. 90 u. 91. Verzinnung von Einpreßteilen

Preßstück entfernt bleiben, um einen guten Abschluß der Form zu gewährleisten, Abb. 90 und 91.

Werden die herausstehenden Zapfen oder Gewinde zu kurz gehalten, so stellen sich die Einpreßteile leicht schief, da sie schlecht in der Form geführt sind, Abb. 92, die Mindestlänge des Zapfens L sollte 2 d betragen, Abb. 93.

Werden Profile mit Bohrungen eingepreßt, so ist die Wandstärke nicht zu gering zu halten, da infolge der starken Kräfte sonst die Wände leicht eingedrückt werden, Abb. 94.

Einpreßteile, die Gewinde enthalten, werden beim Pressen, namentlich bei Kaltpreßmassen, leicht beschädigt. Da die Gewinde doch nachgeschnitten werden müssen, ist es oft empfehlenswert, die Metallteile ohne Gewinde einzupressen und die Gewinde erst nach dem Einpressen einzuschneiden.

Bei Bestellungen ist es erforderlich, als Unterlage für die Herstellung des Werkzeuges eine Zeichnung zugrunde zu

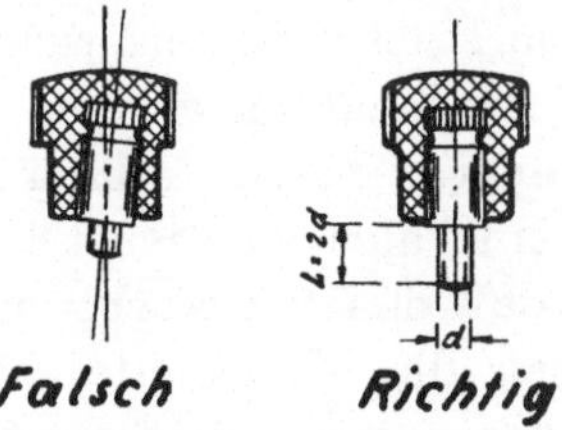

Abb. 92 und 93. Sicherung der Lage von eingepreßten Bolzen.

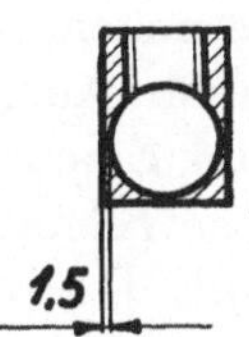

Abb. 94. Bemessung von Bohrungen in Profilen.

legen, auf welcher die wichtigen Maße besonders gekennzeichnet sind, die ferner Toleranzangaben und auch gleich die Lage der gewünschten Zeichen oder Aufschriften enthält. Mit Rücksicht auf die Teilung der Form ist es oft nicht möglich, später ausgesprochene Wünsche in dieser Richtung zu erfüllen.

Zur Erleichterung der Abnahmekontrolle ist es erwünscht, einen montierten Apparat oder wenigstens die Montageteile so weit zu erhalten, daß der Hersteller über die Anforderungen an das Preßstück sich selbst ein Bild machen kann. Viele Schwierigkeiten werden vermieden, wenn von vornherein Abnahmelehren bei der Bestellung geliefert werden.

Bei allen Preßstücken, die eingepreßte Metallteile enthalten, empfiehlt es sich, eine Spannungsprüfung vorzuschreiben; die fünffache Gebrauchsspannung wird für die Prüfung in den meisten Fällen ausreichen.

Werden von dem Besteller Metallteile angeliefert, so ist darauf zu achten, daß die Teile ohne Grat und ohne Späne sauber gerichtet in genügender Menge und rechtzeitig zur Verfügung stehen. Ein gewisser Prozentsatz als Ersatz für Ausschuß ist mit anzuliefern. Bei Anlieferung von Einpreßteilen durch den Besteller ergeben sich oft Störungen, wenn die Metallteile nicht so regelmäßig angeliefert werden, daß die Preßarbeit ohne Unterbrechung fortgesetzt werden kann, oder wenn die angelieferten Metallteile Fehler aufweisen, die ein Verarbeiten unmöglich machen. Es ist Sache des Bestellers, dafür zu sorgen, daß die vom Preßwerk vorgeschriebenen Toleranzen, meist — 0,1 mm, eingehalten werden. Die Metallteile für Ausfallmuster werden vor Fertigstellung der Matrize zum Einpassen gebraucht, sind also möglichst frühzeitig und so reichlich anzuliefern, daß das Werkzeug nicht liegen bleibt. Da beim Ausprobieren die Metallteile leicht beschädigt werden und das Wiederverwenden derartiger Teile unansehnliche Preßstücke ergibt und auch unnötig aufhält, so sollten mindestens 20 Satz zur Verfügung gestellt werden.

7. Wirtschaftliche Gesichtspunkte bei der Bestellung von gummifreien Isolierpreßstoffen.

Wenn sich die Zusammenarbeit zwischen Verbraucher und Erzeuger von Isolierteilen bisweilen zum Schaden des Fortschritts nicht reibungslos vollzieht, so beruht dies zum Teil darauf, daß manche Verbraucher sich in Unkenntnis der besonderen wirtschaftlichen Bedingungen befinden, unter denen die Industrie der gummifreien Isolierstoffe arbeitet. Daher ist es durchaus angebracht, einige Gesichtspunkte wirtschaftlicher Art hervorzuheben, deren Kenntnis dem

Verbraucher von Isolierteilen für seinen Verkehr mit den Herstellern nützlich sein wird.

Die Industrie der gummifreien Isolierstoffe ist heute eine ausgesprochene Massenfabrikation; eine rationelle Herstellung nach besonderen Gesichtspunkten hat hier in höherem Maße als bei vielen anderen Industriezweigen große Stückzahlen zur Voraussetzung. Diese Industrie ist verhältnismäßig jung, und es sind, veranlaßt durch den gestiegenen Bedarf an Isolierteilen, gerade in den letzten Jahren eine Anzahl neuer Werke entstanden. Zum Teil fehlt diesen Werken die Erfahrung darüber, welche Unkosten tatsächlich bei der Fabrikation von Preßteilen entstehen, eine Fabrikation, die so einfach erscheint und doch mit soviel Risiko belastet ist. Man findet infolgedessen große Unterschiede in der Preisstellung für dasselbe Preßstück bei den Angeboten verschiedener Werke. Der gleiche Gegenstand aus einer Preßmasse der gleichen Type kann außerdem auf verschiedene Weise und daher mit höheren oder niedrigeren Gestehungskosten hergestellt werden. Die Isolierstoff-Fabrikanten hätten selbst ein großes Interesse daran, die Preise für Isolierteile möglichst herabzusetzen, um dem Isoliermaterial größere Verbreitung als Baustoff in der Elektrotechnik zu verschaffen, aber andererseits sind sie überzeugt, daß es auch im Interesse der Verbraucher liegt, sich leistungsfähige und lebensfähige Lieferanten zu erhalten. Die wirtschaftliche Geschichte der Industrie der gummifreien Isolierstoffe in Deutschland zeigt ein sehr trübes Bild. Im Laufe der Jahre sind eine große Anzahl von Neugründungen aufgetaucht und wieder verschwunden, ein Beweis, daß viele dieser neuen Firmen die Verhältnisse falsch beurteilt haben. Die älteren Firmen, denen es gelungen ist, sich ihre Leistungsfähigkeit zu erhalten, trotzdem auch sie vielfach infolge des Wettbewerbs gerade der jüngsten und teilweise wieder verschwundenen Firmen nur unzureichende Preise für ihre Fabrikate erzielen konnten, sind es, die Träger des Fortschritts der Isolierstoffabrikation gewesen sind und auch in Zukunft bleiben werden. Ihnen ist es gelungen, die täglich neuen Probleme, welche die Zusammensetzung der Preßmasse, der Matrizenbau und die Preßtechnik bietet, zu lösen. Ihre Vertreter haben eine umfangreiche, nicht zu unterschätzende Gemeinschaftsarbeit geleistet bei der Ausarbeitung der VDE-Vorschriften über Isolierstoffe und über Isolierteile, für die Klassifizierung und Typisierung der Isolierstoffe und für die Einführung einer einheitlichen Überwachung der Preßmaterialfabrikation. Die Vorteile all dieser Arbeiten, die ständig fortgesetzt werden müssen, da die Isolierstoffindustrie erst am Anfang ihrer bedeutsamen Entwicklung steht, kommen dem Verbraucher von Isolierteilen zugute. Er sollte dann aber auch bereit sein, die Kosten dieser Tätigkeit mitzutragen.

Wovon hängt nun der Preis eines Isolierteiles im einzelnen ab? Die Selbstkosten werden beeinflußt durch

die Type der Preßmasse, wobei deren spezifisches Gewicht mitspricht,
das Gewicht des Preßstückes,
die Löhne in der Presserei und beim Fertigmachen,
die Betriebskosten.

Die Stückkosten sind jedoch häufig nicht allein ausschlaggebend, sondern die Matrizenkosten sind oft wesentlich. Deshalb sollen auch diese Kosten ausführlich erörtert werden.

Die Preise der verschiedenen Typen von Preßmassen unterscheiden sich so, daß Type 0 die teuerste und die Typen 8 und 10 die billigsten sind. Bestimmte Zahlen zu nennen ist deshalb schwer möglich, weil die verschiedenen Preßwerke in der Berechnung ihrer Mischungen sehr verschieden vorgehen, so daß nicht unerhebliche Unterschiede für die gleichen Typen bei verschiedenen Herstellern auftreten.

Die folgende Tabelle soll dazu dienen, einen gewissen Anhalt zu geben, wobei die Zahlen so gewählt sind, daß als

Vergleichszahl für den Kilopreis der billigsten Preßmasse eine Einheit angenommen ist.

Tabelle 7.

Vergleichszahlen der Preise für die Typen gummifreier Isolierpreßmassen.

Type	0	1	2	3	4	7	8	10
Vergleichszahl für 1 kg	4,8	3,2	2,4	2	1,1	1,3	1	1
Spezifisches Gewicht	1,4	2	2,1	2,1	2	1,9	2	2,2
Vergleichszahl für 1 cdcm	6,7	6,4	5	4,2	2,2	2,5	2	2,2

Das Gewicht des Preßstückes spielt bei den billigeren Typen naturgemäß eine geringere Rolle als bei den teuren, der Anteil des Materials am Endpreis beträgt z. B. im ungefähren Durchschnitt bei Type 8 etwa 20% und kann bei Type 0 bis zu 50% steigen. Dies hängt von der Art und Größe des Preßstückes ab, dem Arbeitsverfahren und vielen anderen Einflüssen, weshalb diese Angaben nur als Schätzungen zu betrachten sind.

Da die Festigkeit bei Type 0 sehr viel größer ist als bei den anderen Typen, so kann durch besonders dünne Wandstärken eine so große Materialersparnis und durch Verwendung von Mehrfachwerkzeugen eine solche Lohnminderung eintreten, daß die Preßstücke aus dem teuersten Material der Type 0 nicht teurer, vielleicht sogar billiger werden als solche aus den Preßmassen anderer Typen.

Ein wichtiger Faktor für die Preisbildung ist der produktive, d. h. in der Vorkalkulation zu berücksichtigende Lohn, insbesondere der Preßlohn. Er kann, wie eingehend ausgeführt wird, für das gleiche Stück je nach Art und Größe der Matrize außerordentlich verschieden sein.

Der Stücklohn wird zunächst bestimmt durch die Arbeitsgeschwindigkeit der Presse, sodann durch die Art der Matrize. Ob eine einfache oder eine Mehrfachmatrize mit besonderen Vorrichtungen zur Anwendung gelangen soll, hängt außer von der Konstruktion des Preßstückes vor allem von der Stückzahl ab, die insgesamt und in der Zeiteinheit hergestellt werden soll.

Die anzufertigende Stückzahl spielt in der Fabrikation eine wichtige Rolle, die häufig in der Kalkulation nicht genügend berücksichtigt wird, besonders wenn es sich um eine geringe Menge handelt. Die Wirtschaftlichkeit des Pressereibetriebes erfordert Mindeststückzahlen, für die etwa folgende Überlegungen gelten. Der Presser muß sich fast bei jedem neuen Gegenstand einarbeiten. Jedes Stück erfordert eigene Kunstgriffe, und auch einem tüchtigen Presser gelingt es oft im Anfang nicht, mehr als 50 bis 60% der vorkalkulierten Leistung zu erzielen, die er nach einer Einarbeitungszeit, die unter Umständen wochenlang dauert, mühelos erreicht.

Für jedes Isolierteil gibt es deshalb eine Mindeststückzahl, unterhalb deren eine rationelle Herstellung nicht möglich ist. Diese Grenzzahl, ausgedrückt als Vielfaches der Schichtleistung, ist verschieden je nach Art der Matrize. Bei Verwendung einer nicht aufgespannten Matrize sind die Vorbereitungskosten wesentlich geringer als bei einer aufgespannten Matrize. Die Grenze der rationellen Fabrikation von Preßteilen, die in aufgespannten Einfachmatrizen hergestellt werden, steht unter Zugrundelegung von Doppelschicht bei der sechsfachen Schichtleistung, da in den Preßwerken vielfach zur besseren Ausnutzung der Matrizen und der Anlagen sowie mit Rücksicht auf Öfen in doppelter oder dreifacher Schicht gearbeitet wird. Die Mindestzahlen für eine rationelle Fabrikation sind bei vielen Gegenständen so hoch, daß sie für manchen Besteller ein Vielfaches seines Jahresbedarfs betragen dürften. Eine Motorenklemme z.B., die in einer eingespannten Matrize mit einer Schichtleistung von 650 Stück hergestellt werden kann, würde also bei

Arbeit in Doppelschicht einen Auftrag von 12×650=7800 Stück voraussetzen. Eine Schalterkappe, die in einer eingespannten Mehrfachmatrize eine Schichtleistung von 2000 Stück ergibt, würde bei Doppelschicht einen Mindestauftrag von 24×2000=48000 Stück bedingen. Es gibt aber noch viel extremere Fälle. Für ein Spezialmeßinstrument, von dem vielleicht nur 500 Stück im Jahre fabriziert werden, wird ein Isolierteil benötigt, bei dem sich der Mindestauftrag für rationelle Fabrikation mit 7800 Stück errechnet. Hier besteht offenbar für die Meßinstrumentenfabrik die absolute Unmöglichkeit, die Menge Isolierteile zu bestellen, die eine rationelle Fabrikation erfordert. Gerade dieser Fall ist lehrreich. Wenn sich selbst die Meßinstrumentenfabrik entschließt, ihren ganzen Jahresbedarf an Isolierteilen in Auftrag zu geben auf die Gefahr hin, daß man im Verlaufe des Jahres zu einer Konstruktionsänderung kommt und dadurch die Isolierteile unverwendbar werden, so nimmt das Pressen der 500 Isolierteile doch nur knapp 7 Stunden in Anspruch. Zum Auf- und Abspannen der Matrize werden aber 2 Stunden benötigt. Es ist klar, daß der Isolierstoffabrikant für die wenigen Teile einen hoch erscheinenden Preis verlangen muß, bisweilen ein Vielfaches dessen, was das gleiche Stück bei rationeller Fabrikation kosten würde, und doch wird er mit Recht Wert darauf legen, so kleine Aufträge nach Möglichkeit zu vermeiden.

Die Verwendung von Isolierpreßteilen führt deshalb zwangsläufig zur fortschreitenden Typisierung der Apparate und der Apparateteile. Bei den Großverbrauchern von Isolierteilen sind wohl die Auflagen so groß, daß es möglich ist, die erforderlichen Mindestmengen in Auftrag zu geben. Allerdings sollten sich auch diese Verbraucher entschließen, ihre Aufträge für eine Anzahl Monate hinaus festzulegen und nicht in kürzeren Zwischenräumen wiederholt anzufragen und neue Preise auszuhandeln, wobei bald der eine, bald der andere Lieferant bedacht wird. Was der Isolierstoffabrikant vor allen Dingen braucht, ist Stetigkeit in der Beschäftigung. Die Arbeitskräfte, die in der Isolierstofffabrikation beschäftigt werden, sind nahezu ausnahmslos angelernte Arbeiter. Bei einem plötzlichen Anwachsen der Aufträge muß eine große Anzahl von neuen Arbeitern eingestellt und angelernt werden, die nicht nur wenig produzieren, sondern auch erfahrungsgemäß in großem Maße die empfindlichen Matrizen beschädigen. Dem Isolierstoffabrikanten sind daher Aufträge mit fest vereinbarten Wochenlieferungen, die ihn auf lange Zeit hinaus gleichmäßig beschäftigen, wertvoller als sogar größere, aber unverhältnismäßig schnell abzuwickelnde Aufträge.

Welche Schlüsse hat aber der kleine und mittlere Verbraucher von Isolierteilen daraus zu ziehen, daß eine Menge von Isolierteilen, die für ihn vielleicht einen Monatsbedarf darstellt, den Fabrikanten noch nicht einmal eine volle Schicht beschäftigt? Hierbei drängt sich die Antwort auf, daß eine Normung der Teile unbedingt geboten ist. Warum können z. B. Anschlußklemmen für kleine und mittlere Motoren nicht genormt werden, so daß die Isolierstoffabrikanten diese Teile unabhängig von den Bestellungen der einzelnen Verbraucher in hinreichenden Mengen auf Lager arbeiten? Dasselbe gilt von vielen anderen Isolierteilen. Die Kappen der Schalter und Steckdosen der verschiedenen Fabrikanten unterscheiden sich so wenig voneinander, daß man eigentlich annehmen sollte, es wäre auch hier möglich, zu einer genormten Einheitskappe zu gelangen, die lagermäßig von den Isolierstoffabrikanten geführt wird. Sollte eine allgemeine Normung zunächst nicht zu erzielen sein, so würde der Zusammenschluß einer Anzahl von Fabrikanten zum Zweck der Einigung über gewisse Isolierteile schnell zum Ziele führen. Freilich bleiben noch viele Isolierteile übrig, für die eine Normung in absehbarer Zeit aussichtslos erscheint. Hier muß unterschieden werden zwischen zwei Fällen. Spielen die Kosten der Isolierteile gegenüber dem

Gesamtpreis des Apparats nur eine geringe Rolle, dann muß sich eben der kleine und mittlere Fabrikant von Apparaten oder Maschinen entschließen, für die Isolierteile ein Vielfaches dessen anzulegen, was sein größerer Konkurrent zahlt, der zum Massenbezug in der Lage ist. Macht aber der Wert der Isolierteile einen ausschlaggebenden Anteil an den Gesamtgestehungskosten aus, so bleibt dem Kleinfabrikanten im allgemeinen nichts übrig, als die Herstellung der betreffenden Apparate, die er infolge zu geringen Bedarfs an Isolierteilen nicht wettbewerbsmäßig herstellen kann, einzustellen. Arbeitsteilung zwischen verschiedenen kleineren Werken unter Spezialisierung auf einzelne Typen kann aber auch einem Kleinfabrikanten ermöglichen, zur rationellen Herstellung hinreichende Mengen von Isolierteilen in Auftrag zu geben.

Ein wesentlicher Faktor bei der Preisbildung ist der Zuschlag für Betriebsunkosten (Fabrikregie), der meist in Prozenten der Löhne errechnet wird. Der in jedem Werk sich ergebende Unkostensatz ist von der Art der Einrichtungen und der Organisation des Werkes abhängig. Eine Werkstatt, die nur oder vorwiegend mit Handpressen ausgerüstet ist, wird mit einem niedrigeren Betriebskostensatz rechnen als ein Preßwerk, das eine ausgedehnte hydraulische Anlage besitzt. Über den Anteil der Betriebskosten, der durch Anfertigung und Instandhaltung der Werkzeuge und Vorrichtungen entsteht und der sehr erheblich ist, wird noch zu sprechen sein. Ein idealer, d. h. theoretisch niedrigster Unkostenzuschlag läßt sich indessen errechnen, wenn man von der Annahme ausgeht, daß eine hinreichend große, modern eingerichtete Fabrik sich lediglich mit der Herstellung des einen in Frage stehenden Artikels beschäftigt. Wenn Preise für Isolierteile gefordert werden, die offensichtlich mit einem weit unter diesem idealen Unkostenzuschlag liegenden Satz errechnet sind — und dies ist in vielen Fällen heute unzweifelhaft festzustellen —, so liegen irrtümliche Preisfeststellungen seitens der Preßwerke vor, die auf die Dauer unmöglich zu halten sind. Der Verbraucher sollte sich davor hüten, auf Grund derartiger Preisstellungen die Kalkulation eines Apparates vorzunehmen. Er muß sonst mit der Gefahr rechnen, unter Umständen eine groß angelegte Fabrikation stillzulegen, wenn das Preßwerk, das ihm irrtümlich zu allzu niedrigen Preisen Isolierteile angeboten hat, deren Wert von ausschlaggebender Bedeutung für die Kosten des Apparates ist, später zu diesen Preisen nicht mehr liefern kann.

Die Matrizen für Isolierpreßteile sind verhältnismäßig teuer, da sie große Kräfte aufzunehmen haben und daher kräftig gebaut sein müssen. Fast alle Matrizen sind ganz oder teilweise zu härten, um der abschleifenden Wirkung, die besonders bei Kaltpreßmassen auftritt, besser widerstehen zu können. Viele Arbeiten an der Matrize können nicht maschinell, sondern nur von Hand ausgeführt werden. Die Werkzeugmacher, die derartige Handarbeit ausführen, ebenso die Matrizendreher gehören zu den höchstbezahlten Arbeitskräften. Daß eine Matrizenwerkstatt genaue Matrizen nur herausbringen kann, wenn sie mit den besten Maschinen und genauesten Lehren ausgerüstet ist, versteht sich von selbst. Durch alle diese Umstände ergeben sich auch für scheinbar einfache Matrizen hohe Gestehungskosten. Große Mehrfachformen, deren einzelne Teile nach genauen Lehren gearbeitet werden müssen und deren Preis sich auf 4000 bis 5000 Mark stellt, sind keine Seltenheit.

Derartige Mehrfachmatrizen lassen zwar eine günstige Herstellung zu, lohnen sich aber nur bei Auflagen in ganz großen Stückzahlen. In jedem einzelnen Fall ist sorgfältig zu prüfen, was als wirtschaftlicher zu betrachten ist: die Herstellung einer teuren Matrize zwecks Erzielung eines günstigen Stückpreises oder verhältnismäßig niedrige Matrizenkosten, wobei ein höherer Stückpreis mit in Kauf genommen werden muß. Um dies beurteilen zu können, muß nicht nur die Gesamtmenge der Bestellung, sondern auch die wöchentlich verlangte Liefermenge bekannt sein.

Die größeren Preßwerke haben ihre eigene Werkstatt für Matrizenanfertigung. Wenn man sich auch vorstellen kann, daß eine große Spezialfabrik für Matrizen vorteilhafter arbeitet, so hat es seine guten Gründe, daß die Preßwerke die Matrizen im eigenen Betriebe anfertigen, besonders da sie eine umfangreiche Einrichtung zur Instandsetzung von Matrizen auf alle Fälle unterhalten müssen. Die Herstellung von Matrizen ist eine überaus schwierige Arbeit, und das Preßwerk muß die Sicherheit haben, daß die Matrizen nicht nur zum festgesetzten Termin fertig sind, sondern auch bis ins kleinste genau ausfallen. Bisher gibt es jedenfalls in Deutschland noch keine Matrizenbauanstalt größeren Umfanges, die in der Lage ist, für die besonderen Bedürfnisse der Industrie der gummifreien Isolierstoffe große, komplizierte Matrizen unter Garantie völliger Genauigkeit herzustellen. Die Kosten der Matrizen sollen aber nicht nur die eigentliche Anfertigung decken, sondern auch die Konstruktionsarbeiten, das Ausprobieren und die Herstellung von Ausfallmustern. Diese Kosten sind bei allen Werkzeugen, die nicht ganz einfach sind, recht erheblich, weil sich vielfach kleine Abänderungen erst beim Ausprobieren als nötig herausstellen und ein mehrfaches Auf- und Abspannen erforderlich machen.

Die Kosten der Matrize sollen im richtigen Verhältnis zu dem Wert der Bestellung stehen. Wenn auch in den meisten Fällen der Besteller die Kosten des Werkzeuges trägt, so werden ihm doch vielfach diese Kosten zurückvergütet. Es ist aber für den Hersteller wenig lohnend, seine Matrizenwerkstatt wochenlang mit einem schwierigen Werkzeug zu beschäftigen, das dann in der Presserei nur während einer oder weniger Schichten ausgenutzt werden kann.

Wenn einzelne Isolierteile für Probeapparate gebraucht werden, so besteht eine gewisse Schwierigkeit, da die gummifreien Isolierstoffe auch für die Probeapparate nicht durch andere Isoliermaterialien ersetzt werden können, weil in vielen Fällen nur mittels der Teile aus gummifreien Isolierstoffen den Vorschriften des VDE genügt werden kann. Die gummifreien Isolierstoffe eignen sich jedoch nur wenig zur nachträglichen Bearbeitung. Es läßt sich infolgedessen auch für Probeaufträge die Herstellung einer Matrize nicht umgehen, und der Fabrikant der Maschine oder des Apparates muß sich dann dazu verstehen, das Risiko der Kosten einer Matrize und den hohen Preis für die Isolierteile selbst zu tragen. Kommt der Konstrukteur des Apparates zu der Überzeugung, daß er diese Kosten nicht aufwenden kann, so liegt hierin eben der Beweis, daß das Risiko der Entwicklung des Apparates zu groß ist; es geht aber nicht an, dieses Risiko dem Preßwerk aufzuerlegen. Oft wird man es auch ermöglichen können, für die ersten Versuche die gepreßten Isolierteile durch von Hand angefertigte, aus an sich nicht für den betreffenden Fall zulässigen Isolierstoffen, z. B. Vulkanfiber oder Hartgummi, zu ersetzen. Die Anfertigung einer Probematrize empfiehlt sich überhaupt in fast allen Fällen, in denen eine Mehrfachmatrize in Aussicht genommen ist. Eine umfangreiche Mehrfachmatrize ist eine so komplizierte Vorrichtung, daß sich an ihr Änderungen nur mit großem Zeitverlust und Kosten, zum Teil aber auch, wenn die Matrizen gehärtet sind, so gut wie gar nicht vornehmen lassen. Bekanntlich zeigt sich aber oft erst beim Zusammenbau des Apparates, daß Änderungen erforderlich sind. Schlimmstenfalls ist dann die verhältnismäßig billige Probematrize verloren; muß aber die Mehrfachmatrize geändert werden, so können hieraus Kosten erwachsen, die kaum tragbar erscheinen.

Nachträgliche Änderungen an im Betrieb befindlichen Matrizen während eines Auftrages verursachen immer erhebliche Störungen. Der Konstrukteur sollte sich dessen bewußt sein und auch auf die Gefahr hin, vielleicht nicht die letzte mögliche Verbesserung an seinem Apparat angebracht zu haben, von Matrizenänderungen absehen, solange nicht ein absolut zwingender Grund vorliegt. Wenn man vor Beginn der Massenanfertigung Modelle der Isolierteile aus Holz oder Fiber eingebaut hat, oder, wie hier vorgeschlagen, eine Probematrize hat anfertigen lassen und eine hinreichende Menge von Apparaten mit den aus der Probematrize hergestellten Isolierteilen hat versehen lassen, so ist die Wahrschcinlichkeit gegeben, daß spätere Änderungen nicht mehr nötig sind.

8. Anwendungsgebiete.

„Das Eindringen der Elektrizität in alle Arbeitsgebiete der Technik stellt den Konstrukteur vor die Aufgabe, in rasch wachsendem Umfange Starkstromapparate zu schaffen, die nicht nur mechanisch sicherwirkende Vorrichtungen darstellen, sondern solche, die auch den elektrischen Vorgängen, welche sie einleiten und beherrschen sollen, physikalisch gewachsen sind. Vor allem aber dürfen diese Apparate elektrische Wirkungen nach außen nicht übertreten lassen, d. h. selbst bei eintretendem Defekte müssen dessen Folgen auf das Innere des Apparates beschränkt bleiben.

Diese konstruktive Aufgabe bedingt wesentlich, daß die stromleitenden Teile derart isoliert werden, daß ihre äußeren Teile auch bei Störungen in den Apparaten selbst nicht unter Spannung gelangen können.

Damit ist der innige Zusammenhang des Apparatebaues mit der Technik der Isolierstoffe gegeben, der ideale Starkstromapparat sollte hiernach, streng genommen, Metall nur enthalten, soweit die Leitung des Stromes in Frage kommt. Für alle anderen Teile, die Träger der Stromleitung sowohl wie die äußere Umkleidung der Apparate, ist die Verwendung von Isolierstoffen anzustreben.“

Diese Sätze, mit denen Dr. H. Passavant seinen schon

(S. 39) erwähnten Bericht[1]) im Jahre 1912 einleitete, beanspruchen heute noch Gültigkeit, ja, sie müssen auf Grund der neueren Anschauungen in der Elektrotechnik dem Konstrukteur besonders eindringlich als ein Grundprinzip ins Gedächtnis gerufen werden. Unter Umständen ist es recht schwierig und auch kostspielig, eine unbedingt sichere Erdung der Apparate herzustellen. Dabei besteht die Gefahr, daß in leichtsinniger Weise die notwendige Erdung, eben weil sie schwierig und kostspielig ist, fortgelassen wird. Während man in den Anfängen der Elektrotechnik nur da isolierte, wo dies unbedingt erforderlich war, um eine leitende Verbindung zwischen Teilen verschiedener Spannung zu verhindern, sollte man jetzt wenigstens bei allen Vorrichtungen, die der Benützung durch Laien zugänglich sind, leitendes Material nur da benutzen, wo es tatsächlich zur Stromführung dient, sonst aber durchweg Isolierstoff. Dazu muß allerdings die Technik der Isolierstoffe so weit fortgeschritten sein, daß die Isolierteile in den Grenzen der Wirtschaftlichkeit aus Isolierstoff hergestellt werden können. Diese Frage heute bereits für alle Fälle vorbehaltlos bejahen zu wollen, wäre wohl verfrüht, immerhin ist vielfach das, was vor 15 Jahren Dr. Passavant als Ideal vorschwebte, erfüllbar geworden und tatsächlich durchgeführt. Die Technik auf dem Gebiet der gepreßten gummifreien Isolierstoffe hat in den letzten Jahren gewaltige Fortschritte gemacht, wobei uns, wie anerkannt werden muß, z. T. Amerika bahnbrechend vorangegangen ist. Freilich sind dort infolge der Größe des Bedarfs und infolge der Möglichkeit, gewaltige Mengen einheitlicher Typen und Teile aus Isolierpreßstoff herzustellen, wesentlich günstigere Produktionsverhältnisse gegeben als in Europa.

Für den Ersatz von Metall im Aufbau der Apparate, soweit es sich nicht um leitende Teile handelt, kommen die

[1]) ETZ 1912, Heft 18, S. 450.

gummifreien Preßisolierstoffe fast ausschließlich in Frage, weil es durch das Preßverfahren, ähnlich wie beim Metall durch den Guß, möglich ist, innerhalb gewisser Grenzen beliebige, und zwar auch ziemlich komplizierte Formen zu erzeugen. Die Einführung der Kunstharzmaterialien und die Fortschritte in der Preßtechnik haben es dahin gebracht, daß man sich heute an komplizierte Preßstücke von recht erheb-

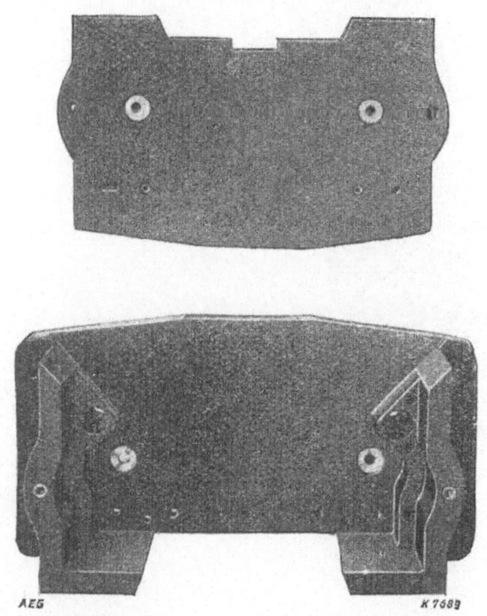

Abb. 95. Kasten für Bahnsicherungen.
Material Type 0, Länge ca. 700 mm.

licher Größe heranwagt, Abb. 95; andererseits haben es die gleichen Umstände ermöglicht, in vielen Fällen, entsprechend große Auflagen vorausgesetzt, ohne Verteuerung der Apparate, Teile aus unzuverlässigen Werkstoffen durch solche aus gepreßtem Isolierstoff zu ersetzen. Dabei ist oft eine grundlegende Umkonstruktion der Apparate erforderlich, wenn man sich die Vorteile der Verwendung des Preßisolierstoffs zunutze machen will. Bei einem Preisvergleich darf man jedenfalls nicht die Kosten eines bestimmten Teiles aus

Isolierstoff mit denen des gleichen Teiles aus dem bisher verwendeten Material vergleichen, sondern man muß die Kosten für den fertigbearbeiteten und zusammengebauten Apparat in der neuen und in der alten Konstruktion nebeneinanderstellen. Da das Isolierteil fast fertig, ev. mit eingebettetem Metall, aus der Form kommt, können eine ganze Reihe von Arbeitsvorgängen, wie Bohren, Gewindeschneiden, Montieren usw., erspart werden.

Abb. 96. Hauptleitungs-Klemmenkasten.
Material Type 3, Breite ca. 120 mm.

Abb. 96a. Wasserdichter Schalter in Isolierstoffgehäuse.

Durch den Isolierpreßstoff kann Metall als Werkstoff für Umkleidungen und Abdeckungen von Apparaten, sowie für Bedienungselemente, wie Griffe, Handräder, Druckknöpfe, ausgeschaltet werden. Bei dem Installationsmaterial für normale Anforderungen, wie bei Dosenschaltern, Steckdosen, Abzweigdosen, Hauptleitungsklemmkästen, Abb. 96, u. dgl., ist man schon seit geraumer Zeit dazu übergegangen, diesen Gedanken durchzuführen, dagegen hat man es erst in neuester Zeit gewagt, dies auch bei Apparaten für rauhere Behandlung zu tun, z. B. an Stelle von Gußeisengehäusen für Schalter- und Steckdosen solche aus Isolierstoff zu verwenden, Abb. 96a. Diese Konstruktionen sind nicht allein elektrisch sicherer, sondern ohne teuerer zu sein, mindestens ebenso haltbar wie die bisher gebräuchlichen Apparate, und unempfindlich gegen Feuchtigkeit und chemische Einflüsse. Das gleiche gilt von Abzweigdosen aus Isolierstoff zur Verwendung in Ställen, wo bisher gußeiserne Dosen verwendet wurden. Es ist möglicherweise nur eine Frage der Zeit, daß es ge-

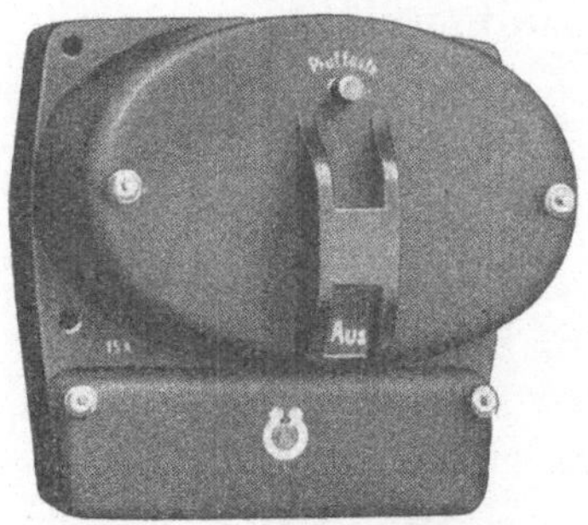

Abb. 97. Schutzschalter mit Kappe und Abdeckung.
Material der Kappe Type 4, Breite ca. 250 mm, Höhe 75 mm.

Abb. 98. Anlasser.
F. Klöckner, Köln-Bayenthal.

lingen wird, an Stelle des gekapselten Materials in Gehäusen aus Gußeisen durchweg Apparate in Isolierstoffgehäusen zu setzen.

Ähnliche Gesichtspunkte haben bei der Konstruktion die bekannten, neuerdings in steigendem Maße verwendeten Schutzschalter, Abb. 97, und bei neueren Anlasserkonstruktionen, Abb. 98, Berücksichtigung gefunden.

Zählertafeln, die ganz aus gepreßtem Isolierstoff bestehen, sind zwar nicht mehr neu; sie sind aber erst jetzt, seitdem man vollständige Systeme aufgebaut hat — Zählertafeln ohne Sicherungen, mit Sicherungen, mit Installationsselbstschaltern, mit Haupt- und Verteilungsschaltern, mit Prüf- und Verteilungsklemmen, sowie mit mannigfachen Kombinationen dieser Vorrichtungen —, auf dem Wege, die Zählertafeln aus Eisenblech zu verdrängen, Abb. 99. Besonders auf dem Gebiet der Hausinstallation bietet sich dem Konstrukteur

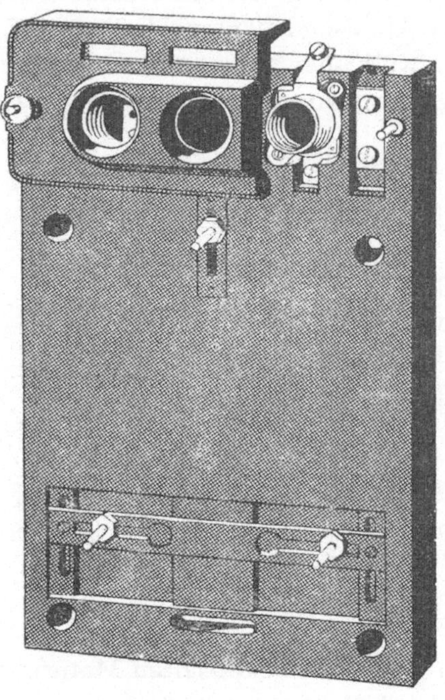

Abb. 99. Lichtzählertafel mit drei Sicherungen.
Material Type 8 für Tafel und Abdeckung, Sicherungen Type 3.
Länge der Tafel 330 mm, Breite 200 mm.

noch manche Gelegenheit zur Verbesserung der Apparate durch Verwendung von Isolierpreßstoffen.

Als Träger spannungführender Teile an Apparaten und Maschinen haben die gummifreien Isolierpreßstoffe mit anderen Isolierstoffen, wie Porzellan, Steatit, Hartpapier, Hartgummi, Schiefer und Marmor, zu konkurrieren, aber es kann behauptet werden, daß im Starkstromgebiet, soweit Spannungen bis 750 Volt in Frage kommen, und auch im Schwachstromgebiet den gummifreien Isolierstoffen die Zukunft gehört. Für Hochspannung kommen die gummifreien Isolierstoffe nur wenig in Betracht; dies Gebiet bleibt im wesentlichen dem keramischen Material und dem Hartpapier vorbehalten. Auch für Temperaturen, die wesentlich über 350 ⁰ liegen, wird man stets keramisches Material als Isolierung wählen. Innerhalb des ihnen zukommenden Gebiets aber bieten die gummifreien Isolierstoffe so große Vorteile, daß es unzweifelhaft nur eine Frage der Zeit ist, bis sie die anderen bisher verwendeten Isolierstoffe verdrängen werden. Den keramischen Materialien sind die Preßstoffe in zwei wichtigen Punkten überlegen: nämlich durch ihre wesentlich geringere Sprödigkeit und die sehr viel größere Genauigkeit, mit der sich die Teile herstellen lassen. Letztere Eigenschaft wird dann eine ausschlaggebende Rolle spielen, wenn man allgemein zur Massenmontage in Fließfabrikation und zur Anwendung halb- oder ganzautomatischer Montagevorrichtungen übergegangen sein wird. Unter den heutigen Verhältnissen kann bei Stücken kleinerer Abmessungen der billigere Preis noch gelegentlich zugunsten des Porzellans in die Wagschale fallen; dagegen stellen sich größere Stücke, die sich aus keramischen Massen nur schwer und vielfach mit Rissen behaftet herstellen lassen, in Preßmaterial bereits billiger. Schiefer, Marmor und Hartpapier, die für Niederspannungsteile wohl nur noch selten zur Massenanfertigung verwendet werden, erfordern eine mehr oder minder umfangreiche Bearbeitung. Ihnen gegenüber bieten die Isolierpreßstoffe den Vorteil, daß sie elektrisch einwandfrei mit allen Löchern, Versenkungen, Aussparungen, Stegen, Kanälen usw. geformt werden, so daß wohl ausnahmslos eine Ersparnis an Kosten und meist auch an Gewicht erzielt wird.

Beispiele für die Verwendung von Teilen aus gummifreien Isolierstoffen als Träger spannungführender Teile anzuführen, dürfte sich erübrigen, da hier kein grundsätzlich neues Verwendungsgebiet vorliegt. Es sei indessen darauf hingewiesen, daß die Verwendung gummifreier Isolierstoffe für diesen Zweck sich unzweifelhaft in sehr viel stärkerem Maße durchgesetzt hätte, wenn die deutsche Elektrotechnik sich nicht zu lange selbst Hindernisse in Gestalt von VDE-Vorschriften, die jetzt als veränderungsbedürftig erkannt sind, in den Weg gelegt hätte. Insbesondere die wörtliche Auslegung des Begriffs „Feuersicherheit" hat manchen Konstrukteur abgehalten, für Träger spannungführender Teile Isolierpreßstoffe zu verwenden. Hierauf wird noch im nächsten Abschnitt zurückzukommen sein. Inzwischen hat die Praxis bereits entschieden, und es kann behauptet werden, daß heute für fast jeden Verwendungszweck ein allen Forderungen genügendes Isolierpreßmaterial existiert, vorausgesetzt, daß die Konstruktion des Isolierteils unter Berücksichtigung der Eigenart des Werkstoffes entworfen ist. Durch Erteilung des VDE-Prüfzeichens für zahlreiche Konstruktionen, in denen gepreßte Isolierteile als Träger spannungführender Teile dienen, ist auch von berufener Seite anerkannt worden, daß dem Sinne der VDE-Vorschriften Genüge geleistet ist.

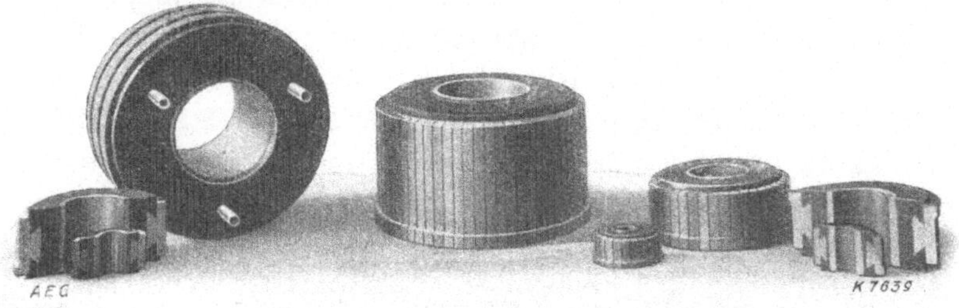

Abb. 100. Schleifringkörper und Kollektoren.
Material Type 1 bzw. Type 0. Maßstab etwa 1/5.

Bei den Schleifringkörpern und Kollektoren, Abb. 100, die als weitere Beispiele angeführt seien, wird an Stelle der bisher für derartige Zwecke benutzten, aus vielen einzelnen Teilen bestehenden Konstruktion ein einheitliches, fertiges Stück verwendet.

In der Schwachstromtechnik hat man sich der Verwendung von gepreßten Teilen aus gummifreien Isolierstoffen erst später als in der Starkstromtechnik zugewendet. Hier

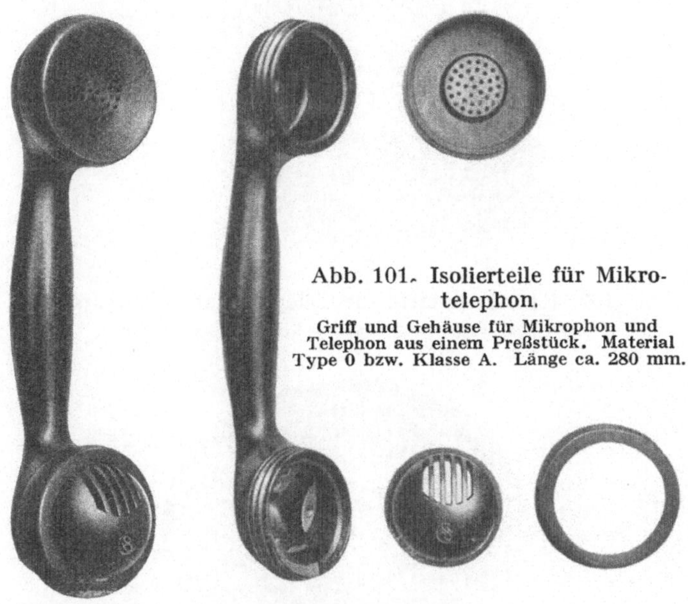

Abb. 101. Isolierteile für Mikrotelephon.

Griff und Gehäuse für Mikrophon und Telephon aus einem Preßstück. Material Type 0 bzw. Klasse A. Länge ca. 280 mm.

war im Hartgummi ein an sich durchaus zufriedenstellendes Material gegeben. Die beim Bau von Schwachstromapparaten benötigten Isolierteile bieten sowohl infolge der erforderlichen sehr großen Genauigkeit und der vielfach in großer Zahl einzupressenden, oft recht komplizierten Metallteile als auch durch die hohen Ansprüche an ihr Aussehen schwierige technische Probleme, an deren Lösung man erst in den letzten Jahren gehen konnte, Abb. 101, 102 und 103.

Es bleibt noch die Frage zu erörtern, welche Typen von Isolierpreßmassen für die verschiedenen Verwendungszwecke zu wählen sind. Es gibt Fachleute, die, beeinflußt

Abb. 102. Klemmenplatte für Telephonkabel-Endverschluß.
Material Type 0 bzw. Klasse A, Länge ca. 160 mm.

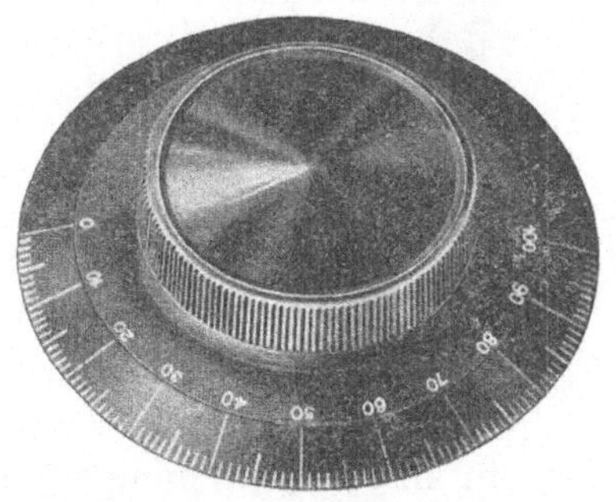

Abb. 103. Skalenscheibe mit Drehknopf.
Material Trolit, Durchmesser ca. 70 mm.

durch die Entwicklung in den Vereinigten Staaten, wo die reinen Kunstharzmaterialien die anderen Isolierstoffe mehr und mehr zurückdrängen, zukünftig nur die Preßmassen der Typen 0 und 1, also die warmgepreßten Kunstharzmischungen, verwendet wissen wollen, und zwar Type 1 als Träger spannungführender Teile, Type 0 für alle anderen Zwecke. Wenn auch zuzugeben ist, daß sich diese Preßstoffe, und zwar besonders Type 0, durch vorzügliche elektrische Eigenschaften, durch geringes Gewicht und gutes Aussehen auszeichnen, so erfordern sie, abgesehen von dem hohen Preis der Preßmasse, sehr teure Preßformen und Hilfseinrichtungen. Diese hohen Kosten sind nur bei Massenaufträgen tragbar, mit denen wir in Europa selbst bei folgerichtiger

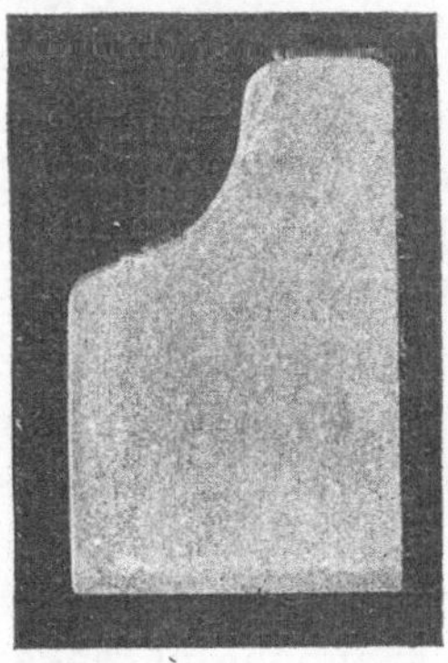

Abb. 104. Funkenlöscher für Straßenbahnkontroller.
Material Type 10, Länge ca. 120 mm.

Durchführung der Normung nicht immer werden rechnen können. Daher wird man auch künftig die Materialien der Typen 2, 3 und 4 zu Trägern spannungführender Teile verarbeiten, namentlich da auch deren Eigenschaften sich noch verbessern lassen. Bei nicht zu großen Beanspruchungen lassen sich die Preßmassen der Typen 7 und 8 mit Vorteil verwenden. Wenn stärkere Erwärmung oder Berührung mit Schaltfeuer in Frage kommt, wird man allerdings Preßmassen der Typen 2, 3 oder 4 vorziehen.

Bei Konstruktionsteilen, die betriebsmäßig dem Lichtbogen ausgesetzt sind, finden die Preßmassen der Type 10 Verwendung; es sei daran erinnert, daß diese Type nicht feuchtigkeitssicher ist und daher als direkter Isolator nicht verwendet werden darf, Abb. 105.

9. VDE-Vorschriften.

An den Hersteller von Isolierpreßstoffen wird häufig die Frage gerichtet: „Ist Ihr Material vom VDE für den oder jenen Verwendungszweck zugelassen?“ oder „Entspricht Ihr Material den VDE-Vorschriften?“ Diese Fragen sind falsch formuliert, aber die Erkenntnis, daß diese Fragestellung von unrichtigen Voraussetzungen ausgeht, ist erst das Ergebnis eingehender Erwägungen. Vorweg sei bemerkt, daß weder die Zulassung eines Isolierpreßstoffes für einen bestimmten Zweck durch den VDE in Frage kommt noch bisher VDE-Vorschriften für Preßstoffe selbst bestehen.

Die grundlegenden Bestimmungen, von denen bei der Konstruktion von Isolierteilen auszugehen ist, finden sich in den Errichtungsvorschriften[1]). Es wird unterschieden zwischen Trägern spannungführender Teile und Abdeckungen. Für die Träger spannungführender Teile lautet die in verschiedenen Abschnitten wiederkehrende Vorschrift, z. B. § 10 a, 1. Abs.:

> Die äußeren spannungführenden Teile, und soweit sie betriebsmäßig zugänglich sind, auch die inneren, müssen auf feuer-, wärme- und feuchtigkeitssichern Körpern angebracht sein.

Für Abdeckungen von Apparaten schreibt der gleiche Paragraph im nächsten Absatz vor:

> Abdeckungen und Schutzverkleidungen müssen mechanisch widerstandsfähig und wärmesicher sein. Solche aus Isolierstoff, die im Gebrauch mit einem Lichtbogen in Berührung kommen können, müssen auch feuersicher sein.

---

[1]) VDE-Sonderdruck 370.

Um aus diesen Grundvorschriften Schlüsse ziehen zu können, muß man auf die Begriffsbestimmungen der Errichtungsvorschriften, § 2b, zurückgehen:

Feuersicher ist ein Gegenstand, der entweder nicht entzündet werden kann oder nach Entzündung nicht von selbst weiterbrennt.

Wärmesicher ist ein Gegenstand, der bei der höchsten betriebsmäßig vorkommenden Temperatur keine den Gebrauch beeinträchtigende Veränderung erleidet.

Feuchtigkeitssicher ist ein Gegenstand, der sich im Gebrauch durch Feuchtigkeitsaufnahme nicht so verändert, daß er für die Benutzung ungeeignet wird.

Der Begriff „mechanisch widerstandsfähig" wird nicht definiert, er ist sinngemäß so auszulegen, daß ein Gegenstand als mechanisch widerstandsfähig gilt, der bei der größten betriebsmäßig vorkommenden Beanspruchung keine den Gebrauch beeinträchtigende Veränderung erleidet.

Die Grundvorschriften beziehen sich also nur auf die Gegenstände, nicht auf den Stoff, d. h. auf die Isolierteile, nicht auf die Isolierstoffe. Auch in den weiteren VDE-Vorschriften finden sich keine Bestimmungen, die einen bestimmten Isolierstoff vorschreiben. Die Prüfvorschriften für Isolierstoffe setzen nur die Methoden der Prüfung fest, enthalten sich aber jeden Werturteils. Hier besteht eine Lücke in den Vorschriften, die sich erst im Laufe der Zeit wird schließen lassen. Die Beantwortung der Frage, ob ein Isolierteil die angeführten Grundvorschriften erfüllt, hängt nicht nur vom verwendeten Isolierstoff, sondern auch von den Abmessungen und der Gestaltung des Isolierteils und der Vorrichtung ab, zu welcher der Isolierteil gehört. Dies gilt ebenso für die mechanische Widerstandsfähigkeit wie für die Wärmesicherheit. Wie bei allen anderen Werkstoffen tritt auch bei den Isolierstoffen mit steigenden Temperaturen eine Abnahme der Festigkeit ein.

Was die Feuchtigkeitssicherheit anlangt, so wird in der Typeneinteilung von gummifreien Isolierstoffen, bis auf Type 10, die hier nicht in Frage kommt, nach 24stündigem Liegen in Wasser noch ein Oberflächenwiderstand von 100 Megohm gefordert, es sind also praktisch alle gummifreien Isolierstoffe, soweit sie der Überwachung unterliegen, als feuchtigkeitssicher anzusehen. Bezüglich der Feuersicherheit kann auf das schon Gesagte hingewiesen werden. Die bisher vorgeschriebene Prüfung durch den Bunsenbrenner führt zu unbeabsichtigten Folgen, da hiernach fast alle gummifreien Isolierstoffe als nicht feuersicher anzusehen wären. Die Isolierteile sollen in der Praxis ja auch nicht einem von außen einwirkenden Brand widerstehen, sondern der Einwirkung etwa im Innern des Apparates ins Glühen geratener Leiter oder dem Auftreten des Schaltfeuers standhalten. Die Arbeiten zur Revision der Bestimmungen über die Feuersicherheit stehen vor dem Abschluß. Es ist anzunehmen, daß an Stelle des Begriffs der Feuersicherheit in Zukunft die zwei Begriffe Glutsicherheit und Schaltfeuersicherheit gesetzt werden. Hinreichende Glutsicherheit wird vorzuschreiben sein für die Träger spannungführender Teile, hinreichende Schaltfeuersicherheit für Abdeckungen. Ebenso wie bei der jetzigen Vorschrift die Feuersicherheit eines Isolierteiles wesentlich von seinen Abmessungen abhängt, da eine dünne Platte sich in der Flamme viel schneller entzündet als ein dicker Block, ebenso ist anzunehmen, daß auch bei der Glutsicherheit und Schaltfeuersicherheit die Abmessungen wesentlich mitsprechen.

Bestimmungen über die Wärmesicherheit von Isolierteilen waren bereits in die Einzelvorschriften aufgenommen, aber es bestanden keine einheitlichen Prüfvorschriften, da ja die Martensprobe sich nur für Normalstäbe und nicht für fertige Isolierteile anwenden läßt. Infolgedessen gab es häufig Streit zwischen den Herstellern der Isolierteile und den Abnehmern. Die Einrichtung der Prüfstelle des VDE, die zum

Zweck hat, „elektrotechnische Erzeugnisse (Installationsmaterialien, Haushaltungsgegenstände u. dgl.) nach einheitlichen Gesichtspunkten daraufhin zu prüfen, ob sie den VDE-Bestimmungen entsprechen", wirkte auch dahin, die Aufstellung von Ausführungsbestimmungen für die Untersuchung von Isolierteilen zu beschleunigen.

Daher bedeutete es einen außerordentlichen Fortschritt, als der VDE 1925 die nach den Vorschlägen von E. Grünwald ausgearbeiteten „Leitsätze für Untersuchung der Isolierkörper von Installationsmaterialien"[1]) herausgab, in denen einheitliche und reproduzierbare Methoden zur Prüfung der bei Installationsmaterialien vorkommenden Isolierteile aufgestellt wurden. Die Prüfung erstreckt sich auf die mechanische Widerstandsfähigkeit und die Wärmesicherheit. Die in den Leitsätzen ebenfalls enthaltene Methode zur Prüfung auf Feuchtigkeitssicherheit prüft nicht eigentlich die Isolierteile, sondern den gesamten Apparat. Auf die Prüfung der Feuersicherheit wurde zunächst verzichtet mit Rücksicht auf die im Gange befindlichen Änderungen.

Die mechanische Widerstandsfähigkeit von Handleuchtern und Steckern wird mit Hilfe eines Prüfgalgens, Abb. 106, und die von Abdeckungen durch eine Fallprobe mittels eines Gleitbahnfallwerks, Abb. 107, mit einem auf einer Stange gleitenden Fallkörper vorgenommen. Das Fallgewicht ist unveränderlich, die Fallhöhe richtet sich nach dem Gewicht der zu prüfenden Abdeckung.

Die Untersuchung der Wärmesicherheit geht in einem Thermostaten, in dem das Prüfstück belastet wird, vor sich. Es werden verschiedene Formen der Einspannung und Belastung angewendet, je nach der Form des Prüfstückes, Abb. 108 u. 109, und festgestellt, bei welcher Temperatur das Absinken des Belastungsgewichts die festgesetzten Grenzen überschreitet. Es sei ausdrücklich darauf aufmerksam ge-

---

[1]) VDE-Sonderdruck 315.

macht, daß die so ermittelten Temperaturen durchaus nicht mit denen übereinstimmen, die für den Isolierstoff in Stabform nach dem Martensverfahren festgestellt werden. Die nach den Leitsätzen ermittelten Zahlen liegen höher, d. h. die Martensprüfung ist schärfer als die nach den Leitsätzen.

Ergänzt werden die Prüfmethoden durch folgende zahlenmäßige Bestimmungen über die Wärmesicherheit der verschiedenen Teile:

1. Teile für Sicherungselemente (Kontaktträger) . . . . 250°
2. Teile für Schutzvorrichtungen an Fassungen, die das Glas der Lampe berühren . . . . 180°
3. Abdeckungen für Sicherungen . . . . 150°
4. Handleuchtergriffe . . . . 150°
5. Teile an Fassungen außer 2 und 6 . . . . 150°
6. Betätigungsorgane an Fassungen . . . . 100°
7. Sonstige Träger spannungführender Teile . . . . . 100°
8. Alle übrigen Isolierteile . . . . 70°

Auch an anderen Stellen der VDE-Vorschriften finden sich Bestimmungen über die Wärmesicherheit von Isolierteilen. Hier sei vor allem hingewiesen auf den § 20 der Vorschriften für elektrische Heizgeräte und Heizeinrichtungen[1]), der bestimmt, daß Gerätesteckdosen nach 3stündigem Erhitzen auf 350° keine merkliche Abnahme der elektrischen und mechanischen Festigkeitseigenschaften zeigen dürfen. Diese Vorschrift ist schwer erfüllbar, jedenfalls müßte sie durch Festlegung einer einheitlichen Prüfmethode im Sinne der Leitsätze ergänzt werden. Eine Sonderkommission aus Isolierstoffabrikanten und Herstellern von Heiz- und Kochgeräten ist z. Z. mit der Prüfung dieser Frage beschäftigt.

Der Versuch, in den Leitsätzen[2]) einheitliche Prüfmethoden für Isolierteile von Installationsmaterialien festzulegen,

---

[1]) VDE-Sonderdruck 304.

[2]) Nach der Ausdrucksweise des VDE sind Leitsätze Angaben, die nach Erprobung in Form von Normen, Regeln oder Vorschriften herausgegeben werden und deren Beachtung empfohlen wird.

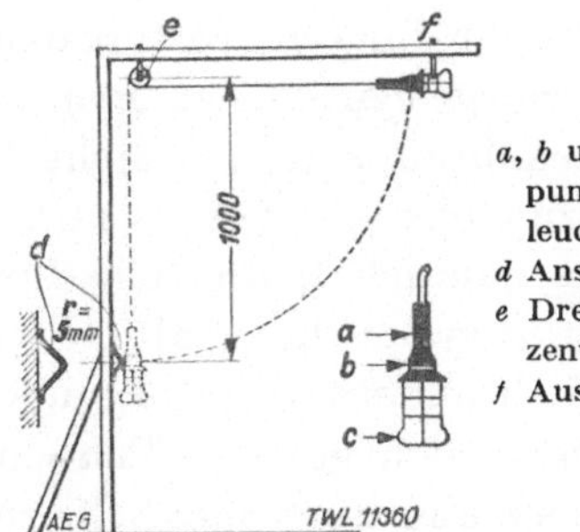

a, *b* u. *c* Aufschlagpunkte des Handleuchters
d Anschlagschiene
e Drehpunkt des Exzenters
f Auslösevorrichtung

Abb. 105. Vorrichtung zur Prüfung der Festigkeit von Handleuchtern.

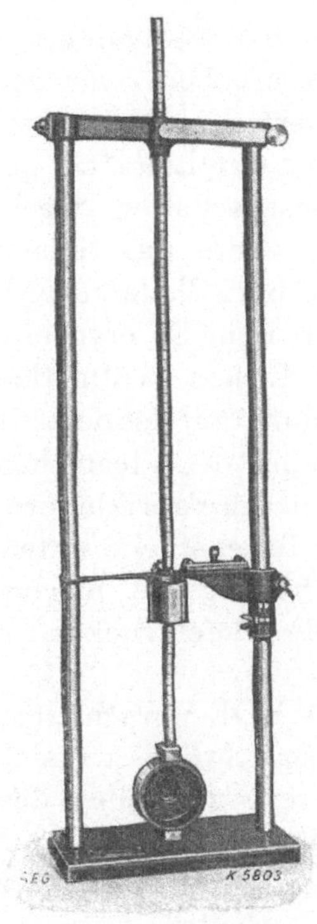

Abb. 106. Vorrichtung zur Prüfung der Festigkeit von Kappen u. Dosen, Gleitbahn-Fallwerk.

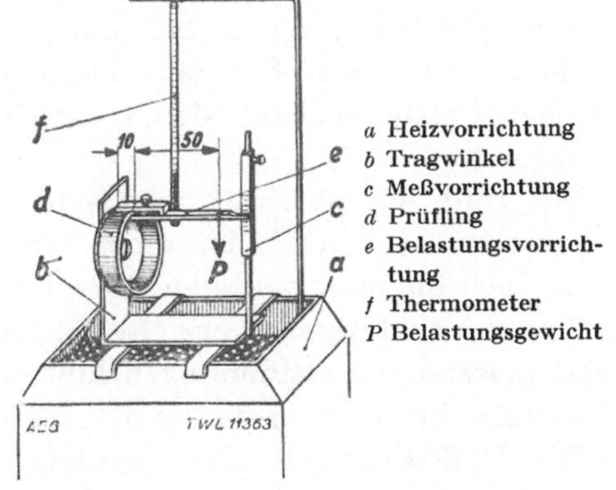

a Heizvorrichtung
b Tragwinkel
c Meßvorrichtung
d Prüfling
e Belastungsvorrichtung
f Thermometer
P Belastungsgewicht

Abb. 107. Versuchsanordnung zur Prüfung von Kappen auf Wärmesicherheit.

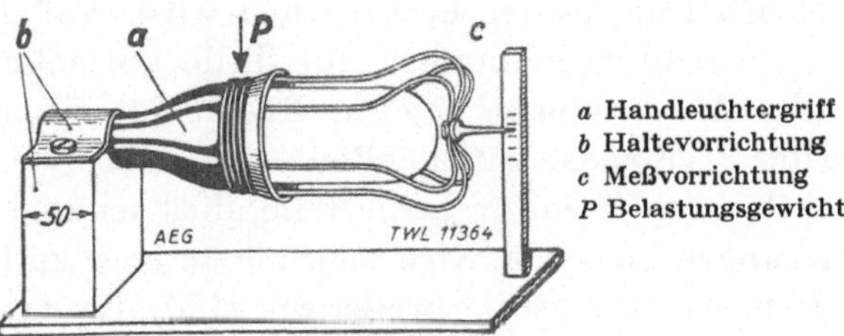

a Handleuchtergriff
b Haltevorrichtung
c Meßvorrichtung
P Belastungsgewicht

Abb. 108. Versuchsanordnung zur Prüfung der Wärmesicherheit von Handleuchtern.

ist sicherlich sehr dankenswert, bedeutet aber wohl nur einen Anfang. Die vorgeschriebenen Prüfungen ergeben zwar einwandfreie Resultate, solange solche Isolierteile geprüft werden, an die zunächst bei der Ausarbeitung der Leitsätze gedacht wurde, nämlich Isolierteile für Dosenschalter, Steckdosen, ferner Handleuchtergriffe, Steckerteile u. dgl. Sobald aber wesentlich anders gestaltete und größere Teile zu prüfen sind, zeigen sich gewisse Schwierigkeiten. Es erscheint wünschenswert und auch möglich, zu einfachen Prüfmethoden zu gelangen, die allgemeine Anwendung auf Isolierteile aller Art zulassen. Eine Vorrichtung, ähnlich der Vicatschen Nadel für die Wärmesicherheit, wird bereits in Fabriklaboratorien verwendet, um auch Schnitte und Bruchstücke untersuchen zu können. Für eine ähnliche Prüfung der mechanischen Festigkeit läßt sich vielleicht die Kugeldruckprobe ausgestalten.

Das Bild, das sich auf dem Gebiet der VDE-Vorschriften für Isolierteile bietet, ist nicht sehr übersichtlich, da sich alles noch im Fluß befindet. Aber der bereits gegenüber den früheren Verhältnissen erzielte Fortschritt ist groß. Mit den jetzt geltenden Bestimmungen läßt sich, wie die Praxis der Prüfstelle beweist, in den meisten Fällen arbeiten.

Die VDE-Prüfstelle ist, seitdem alle Isolierteile neben dem Überwachungszeichen die Angabe der Klasse bzw. Type der Preßmasse tragen müssen, die Stelle, bei der sich die Erfahrung sammelt, mit welchen Typen von Preßstoffen den Vorschriften am besten entsprochen wird. Auf diese Weise wird man bald dazukommen, für Teile normaler Form und normaler Abmessungen gewisse Regeln für die zu wählende Type der Preßmasse aufzustellen.

Einzelvorschriften für Isolierteile, dies sei zum Schluß der Erörterungen bemerkt, wird man um so eher entbehren können, je besser die Isolierpreßstoffe sind, die den Konstrukteuren zur Verfügung stehen. Durch die Einführung neuer Preßmassen und durch die Verbesserung der seit längerer

Zeit bekannten Typen ist zweifellos ein erheblicher Fortschritt erzielt worden, der den Konstrukteuren erlaubt, ihre Apparate und Maschinen mit einer größeren Sicherheit zu bauen. Die VDE-Bestimmungen geben die Mindestvorschriften, denen die Bauteile entsprechen sollen. Schreitet die Entwicklung sowohl der Isolierpreßstoffe als auch der Prüf- und VDE-Bestimmungen auf dem eingeschlagenen Wege weiter fort, so werden diese Mindestbedingungen nicht nur knapp erfüllt, sondern mit großer Sicherheit eingehalten werden können.